写给设计师的书

TO DESIGNER

C=30 M=70 Y=90 K=0
C=5 M=10 Y=20 K=0
C=70 M=0 Y=50 K=0
C=40 M=10 Y=0 K=0
C=20 M=40 Y=45 K=0

商业空间
设计手册

董辅川　王　萍　编著

U0156581

清华大学出版社
北　京

内 容 简 介

本书是一本全面介绍商业空间设计的图书，特点是知识易懂、案例趣味、动手实践、发散思维。

本书从学习商业空间设计的基础知识入手，由浅入深地为读者呈现出一个个精彩实用的知识、技巧。本书共分为 7 章，内容分别为商业空间设计原理、商业空间设计基础知识、商业空间设计的基础色、商业空间类型与色彩、商业空间设计风格分类、商业空间色彩的视觉印象、商业空间设计的秘籍。并且在多个章节中安排了设计理念、色彩点评、设计技巧、配色方案、佳作欣赏等经典模块，在丰富本书结构的同时，也增强了其实用性。

本书内容丰富、案例精彩、版式设计新颖，不仅适合商业空间设计师、室内设计师、环境艺术设计师、初级读者学习使用，而且也可以作为大中专院校商业空间设计、室内设计专业、环境艺术设计师及商业空间设计培训机构的教材，也非常适合喜爱商业空间设计的读者朋友作为参考用书。

图书在版编目 (CIP) 数据

商业空间设计手册 / 董辅川，王萍编著 . —北京：清华大学出版社，2020.7
（写给设计师的书）
ISBN 978-7-302-55815-6

Ⅰ . ①商…　Ⅱ . ①董…②王…　Ⅲ . ①商业建筑－室内装饰设计－手册　Ⅳ . ① TU247-62

中国版本图书馆 CIP 数据核字 (2020) 第 110912 号

责任编辑： 韩宜波
封面设计： 杨玉兰
责任校对： 王明明
责任印制： 宋　林

出版发行： 清华大学出版社
  网　　　址：http://www.tup.com.cn, http://www.wqbook.com
  地　　　址：北京清华大学学研大厦 A 座　　　　邮　　编：100084
  社 总 机：010-62770175　　　　　　　　　　邮　　购：010-62786544
  投稿与读者服务：010-62776969, c-service@tup.tsinghua.edu.cn
  质量反馈：010-62772015, zhiliang@tup.tsinghua.edu.cn
印 装 者： 涿州汇美亿浓印刷有限公司
经　　销： 全国新华书店
开　　本： 190mm×260mm　　　**印　张：** 11.25　　　**字　数：** 274 千字
版　　次： 2020 年 8 月第 1 版　　　**印　次：** 2020 年 8 月第 1 次印刷
定　　价： 69.80 元

产品编号：085146-01

前言 FOREWORD

　　　　本书是笔者多年对从事商业空间设计工作的一个总结，是让读者少走弯路寻找设计捷径的经典手册。书中包含了商业空间设计必学的基础知识及经典技巧。身处设计行业，你一定要知道，光说不练假把式，本书不仅有理论和精彩案例赏析，还有大量的模块启发你的大脑，锻炼你的设计能力。

　　希望读者看完本书后，不只会说"我看完了，挺好的，作品好看，分析也挺好的"，这不是编写本书的目的。希望读者会说"本书给我更多的是思路的启发，让我的思维更开阔，学会了设计的举一反三，知识通过吸收消化变成自己的"，这才是笔者编写本书的初衷。

本书共分 7 章，具体安排如下。

第1章 商业空间设计的原理，介绍什么是商业空间设计、商业空间设计中的点线面、商业空间设计中的元素。

第2章 商业空间设计的基础知识，介绍了商业空间设计色彩、商业空间设计布局、视觉引导流程、环境心理学。

第3章 商业空间设计的基础色，逐一分析红、橙、黄、绿、青、蓝、紫、黑、白、灰 10 种颜色，并讲解每种色彩在商业空间设计中的应用规律。

第4章 商业空间的类型与色彩，其中包括 10 种常见的空间类型。

第5章 商业空间设计的风格分类，其中包括 9 种常见的风格类型。

第6章 商业空间色彩的视觉印象，其中包括 10 种常见的视觉印象。

第7章 商业空间设计的秘籍，精选 10 个设计秘籍，让读者轻松愉快地学习完最后的部分。本章也是对前面章节知识点的巩固和理解，需要读者动脑思考。

本书特色如下。

◎ 轻鉴赏，重实践。鉴赏类书只能看，看完自己还是设计不好，本书则不同，因为本书增加了多个色彩点评、配色方案模块，可以让读者边看边学边思考。

◎ 章节合理，易吸收。第 1~3 章主要讲解了商业空间设计的基本知识，第 4~6 章介绍了类型与色彩、风格分类、视觉印象，最后一章以轻松的方式介绍了 10 个设计秘籍。

◎ 设计师编写，写给设计师看。针对性强，而且知道读者的需求。

◎ 模块超丰富。设计理念、色彩点评、设计技巧、配色方案、佳作赏析在本书都能找到，能一次性满足读者的求知欲。

◎ 本书是系列图书中的一本。在本系列图书中读者不仅能系统学习商业空间设计理论知识，而且还有更多的设计专业书籍供读者选择。

希望本书通过对知识的归纳总结、趣味的模块讲解，打开读者的思路，避免一味地照搬书本内容，推动读者必须自行多做尝试、多理解，提升动脑、动手的能力。希望通过本书，激发读者的学习兴趣，开启设计的大门，帮助读者迈出第一步，圆读者一个设计师的梦！

本书由董辅川、王萍编著，其他参与编写的人员还有孙晓军、杨宗香、李芳。

由于编者水平有限，书中难免存在疏漏和不妥之处，敬请广大读者批评和指正。

编　者

目录

第1章 CHAPTER1
商业空间设计的原理
P/01

第2章 CHAPTER2
商业空间设计的基础知识
P/08

第3章 CHAPTER3
商业空间设计的基础色
P/23

第4章

P/62

CHAPTER4

商业空间的类型与色彩

第5章
CHAPTER5
P/93
商业空间设计的风格分类

第6章

CHAPTER6

P/ 130

商业空间色彩的视觉印象

第7章

CHAPTER7

P/ 161

商业空间设计的秘籍

第1章 商业空间设计的原理

商业空间是用来满足商家与消费者双方交易需求的空间，随着人们生活水平的逐渐提高，商业空间设计也走近了人们的日常生活当中，逐渐形成了多元化的，促进城市发展与繁荣的公共空间。

商业空间能够满足商品的交换和货币的流通，随着社会的不断进步和发展，人们对于商业空间的要求远远不止于此，通过经验的积累和对消费者内心世界的不断探索，商业空间设计在逐渐的改良和探索之中正在一步步走向和谐与精致。

1.1 什么是商业空间设计

商业空间设计，简而言之就是对商业用途的建筑空间进行装饰与设计，在设计的过程当中，通过一些装饰性元素的应用和一些科学的设计手法，将空间设置为舒适且具有亲切感的时尚空间。

商业空间的设计技巧

以人为本。商业空间是一种以受众群体为主要核心的公共空间，因此在设计的过程当中，要遵循"以人为本"的设计理念，注重受众的感受，以满足其心理及精神上的双重需求为标准，打造和谐、全面的空间。

注重原生态。随着科技的不断发展与进步，人们越来越追求原生态的生活环境，在商业空间设计的过程当中，绿色建材、自然能源的合理利用，能够为人们营造出天然、环保、自然的空间氛围。

元素多元化。装饰不是一成不变的，在商业空间设计的过程当中，多元化设计元素的应用能够丰富空间的视觉效果，塑造出多元化、多层次、多风格的商业空间，使空间的整体效果更加时尚前卫。

提倡高科技。随着社会的发展，高科技的装饰材料已经越来越广泛地应用于商业空间的装饰上，无毒、无污染、耐磨、防滑等特性使其在众多装饰材料中脱颖而出，在商业空间设计的过程当中，高科技的装饰材料通过降低成本、降低污染等优势深受人们的喜爱。

1.2 商业空间设计中的点、线、面

　　一提起"点""线""面"，人们总会想起"点动成线，线动成面"，由此可见，点线面三个元素是相对而言的。在商业空间设计的过程当中，设计师们通常会按照形式美法则，将点、线、面这三个基本元素合理应用，塑造出具有艺术感和时尚感的商业空间。

商业空间中的点："点"是所有图形当中最小的单位，是一切元素构成的基础，在商业空间设计中，可以通过聚合的点元素形成空间的视觉中心，也可以通过扩散的点元素对空间进行丰富的装点。

商业空间中的线："线"是由点元素的移动所形成的轨迹，具有较强的情感色彩，商业空间中的"线"元素可分为直线、虚线、曲线等类型，不同类型的元素能够营造出不同的空间氛围，例如，直线具有安定、有序、简单、直率的视觉效果，而曲线则可为空间营造出浪漫、柔和、温暖的氛围，虚线在空间中不仅具有导向性还能够使空间充满韵律和动感。

商业空间中的面："面"是由线的移动所形成的，只有长度和宽度，而没有厚度。商业空间设计中的"面"元素，可能是单独存在的，也可能是以组的形式存在的，继而形成"体"。因此，商业空间设计中的"面"元素能够为空间塑造出强烈的空间感和层次感。

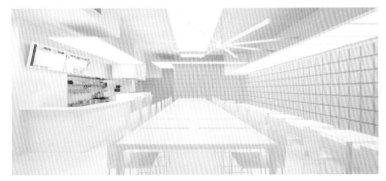

1.3 商业空间设计中的元素

随着人们生活质量的提高和时代的演进，商业空间设计变得越来越丰富且多元化，随着演变的过程人们逐渐发现，商业空间少不了色彩、陈列、材料、灯光、装饰元素和气味等元素的设计。

色彩：颜色是最直接且最容易带给受众心灵和视觉感知的设计要素，商业空间设计中，没有最好的色彩，只有更好的搭配，好的色彩搭配能够使空间的装饰效果得以升华。

陈列：在商业空间中，除了展品本身的属性以外，产品的美感在很大程度上都会体现在陈列的方式、背景颜色、展示载体的质地，以及其他元素的组合搭配上，因此在商业空间设计中，恰到好处的展品陈列方式更加有助于焕发展品自身的魅力。

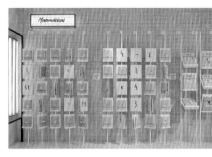

材料：商业空间设计中可选用的材料有很多种，例如：石材、木材、金属、陶瓷、布料、墙纸、墙布等，材料的选择是商业空间设计的重要环节之一，不同的材料能够为空间带来不同的质感。

灯光：灯光是商业空间设计中必不可少的元素之一，其除了具有照明作用以外，还能起到装饰和引导的作用，灯光的类型多种多样，展示的方式也丰富多彩，在空间中合理地添加灯光可以有意识地创造氛围和意境，增加空间的艺术性。

装饰元素：商业空间中的装饰元素包括图形、图像、立体装饰物等，通过这些装饰元素能够丰富空间效果，加深空间氛围的渲染。

气味：电影院爆米花的香甜味、咖啡厅浓郁的醇香味、餐厅中美味的饭香味，都能够使消费者停留与驻足，因此商业空间的气味设计也是一种有效的营销手段，通过特定的气味引导顾客的行为，或是通过清新的气味为空间营造清新、舒适的氛围，可以达到吸引顾客，引导消费的目的。

第2章 商业空间设计的基础知识

商业空间是人类活动空间中最为复杂且最多元化的空间类别之一，风格多变且形式丰富，随着社会的发展，商业空间设计已经成为一个城市发展程度的真实映射。但无论如何，商业空间设计都要本着以人文本的设计理念，尽可能地满足室内外使用功能的所有需求，在设计的过程当中，我们应着重考虑以下四点设计要素。

◆ 商业空间色彩：色彩对于商业空间有着举足轻重的作用，优秀的色彩设计能够提升商业空间的价值，为受众带来更优良的视觉体验，从而能够促进商业区的发展。

◆ 商业空间布局：商业空间是为人们日常购物等商业活动所提供的消费场所，合理的商业空间布局能够提升受众的购物体验，将空间的利用达到最大化。

◆ 视觉引导流程：所谓视觉流程，是指受众在商业空间当中接受外界信息时的流动程序，好的视觉引导流程能够高效、有序地对受众进行视觉引导。

◆ 环境心理学：随着社会的发展，环境心理学的应用范围也越来越广泛。在商业空间设计的过程当中，其主要作用则是用于研究环境与人的心理与行为之间的关系，借此提升商业空间的可塑性和功能性，使整个商业空间更加贴近人性化的设计理念，提升受众的消费体验。

2.1 商业空间色彩

　　色彩是我们日常生活中无不处在的重要元素，在商业空间的设计中，更是有着不可或缺的重要地位，通过人们的切身实验表明，色彩对于人们的心理活动有着重要的影响。尤其是在商业空间设计的过程当中，色彩通过明度、纯度和色相之间的差异，会产生不同的视觉效果，商业空间的色彩设计是否成功，会影响到整个设计的质量，因此，色彩的设计和应用对于商业空间具有举足轻重的作用。

　　色彩具有温度感、重量感、进退感、华丽与朴实感。

2.1.1 商业空间色彩的冷色调和暖色调

色彩的温度感可分为冷色调和暖色调。冷色调的色彩（如：蓝色、青色、绿色）在商业空间中会营造出一种清凉、纯净、高冷、距离感，暖色调的色彩（如：红色、紫色、橙色）会在空间中营造出温馨、浪漫、积极、平和、亲切感。

冷色调的商业空间设计赏析：

暖色调的商业空间设计赏析：

2.1.2　商业空间色彩的"轻""重"感

　　色彩的重量感可分为"轻"和"重"两种。在商业空间设计中，视觉效果轻的色彩在明度上要比效果重的色彩要高，与此同时，纯度高的色彩偏轻，纯度低的色彩偏重。

　　视觉效果"轻"的商业空间设计赏析：

视觉效果"重"的商业空间设计赏析：

2.1.3 商业空间色彩的"进""退"感

色彩的进退感是相对而言的，是指在同等距离下，色彩带给人们的远近不同的视觉效果，相对冷色调而言，暖色调的色彩由于具有较强的视觉神经刺激能力，因此具有向前突出的特性，看上去会相对近一些，相反，冷色调的色彩则具有向后退的视觉效果。

进退感的商业空间设计赏析：

2.1.4 商业空间色彩的"华丽感""朴实感"

　　色彩的华丽感与朴实感。虽然单一的色彩也能营造出华丽或朴素的感觉，但在大多情况下，商业空间中的华丽感和朴实感都是由色彩之间的相互组合而营造出来的空间氛围，纯度和明度较高的色彩则更容易营造出华丽的氛围，相反，则多用于渲染朴素、雅致的空间氛围。

　　华丽感的商业空间设计赏析：

　　朴实感的商业空间设计赏析：

2.2 商业空间布局

布局是商业空间设计之初，首先要考虑的因素。在设计的过程当中，应该同时考虑到客户的舒适度和利益的最大化，通过精心的策划提升空间的利用率和舒适度，并尽可能地展示出所要宣传的产品的特点，以获得有效的宣传效果。

商业空间布局主要可分为直线型、斜线型、独立型和图案型四种。

2.2.1 商业空间直线型布局

直线型：直线型的商业空间布局是最常见也是最经典的一种布局方式，这种方式简单直接，通常情况下会利用墙壁或者一些展示媒介，将产品以直线型的造型依次进行陈列，以达到空间利用率的最大化。

直线型商业空间布局赏析：

2.2.2 商业空间斜线型布局

斜线型：斜线型的商业空间布局是将产品或者展示品以对角线的形式在空间中进行陈列，使空间最大限度地提高顾客与商家之间的可见度，同时也能够起到引导受众视线的作用。

斜线型商业空间布局赏析：

2.2.3　商业空间独立型布局

独立型：独立型的商业空间布局能够将产品单独进行陈列，通常多用于高端品牌的陈列。这种陈列方式能够单独突出产品，使产品每一个特点得到更好的展示，但同时也降低了空间的利用率。

独立型商业空间布局赏析：

2.2.4　商业空间图案型布局

图案型：图案型的商业空间布局氛围较为活跃，即通过商品的陈列方式为空间创造出有趣且不同寻常的视觉效果。

图案型商业空间布局赏析：

2.3 视觉引导流程

　　商业空间即是实现商品交换、满足客户需求、实现商品流通的空间，其设计程序步骤繁多、过程复杂，因此在设计的过程当中，不能单一地将所有的商品随意地进行摆放，应该借助视觉引导流程，有计划、有技巧地将商品呈现在受众眼前。

　　视觉引导流程，就是在商业空间中，通过各种不同类型的设计元素对来往的客户进行引导，使受众在不知不觉中按照商家所设计的流程对商品进行浏览。

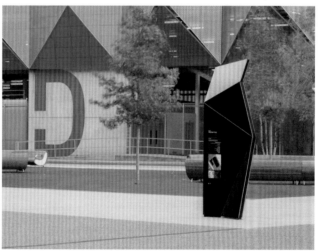

2.3.1 通过空间中的装饰物进行视觉引导

装饰物不仅能够起到美化空间的作用，还可以通过有效的利用，将整体的空间模块化，进行功能性的区分与分类，通过引导或限制受众的行进路线或视觉，对受众进行引导。

这是一款赛车场大厅的空间设计，以"一波三折"为设计理念，将装饰物从地

面蔓延到墙面再延伸到天花板处，与空间的主题相互呼应，并通过其流动的视觉印象将三台显示器串联在一起，将空间中不同的功能区域融合在一起。

- RGB=126,125,120 CMYK=58,50,50,0
- RGB=43,43,43 CMYK=81,76,74,52
- RGB=205,170,130 CMYK=25,37,51,0
- RGB=69,73,100 CMYK=81,75,49,11

2.3.2 通过符号进行引导

图形和符号是我们日常生活中十分常见的设计元素，在商业空间设计的过程当中，可以通过图形和符号被人们日常赋予的内涵与定义对受众进行引导，通过熟悉的元素，潜移默化地向受众传达信息。

这是一款创意园楼梯口处的标识设计，将人们熟知的电子技术电路图语言引入设计当中，配以鲜亮抢眼的橘黄色，清晰可辨。

- RGB=252,251,249 CMYK=1,2,2,0
- RGB=201,197,199 CMYK=25,22,18,0
- RGB=100,102,99 CMYK=68,59,58,7
- RGB=239,100,27 CMYK=6,74,91,0

这是一款健身中心通道处的空间设计，在地面和墙面上绘制行走路线的标识，起到显著的引导作用，在空间上方搭配纯白灯带与对面的路线相互呼应，营造出和谐统一的空间氛围。

- RGB=254,111,1 CMYK=0,70,92,0
- RGB=114,139,78 CMYK=64,39,82,1
- RGB=252,245,233 CMYK=2,5,11,0
- RGB=75,55,53 CMYK=69,76,72,40

2.3.3 通过颜色进行引导

　　色彩是人们在选择物品时，最为直观且最具视觉冲击力的要素，通过生活的不断积累，色彩会使人们产生各种各样的情感，因此在商业空间设计的过程当中，采用色彩作为视觉引导元素，是最为有效和便捷的一种方式。这种方式不仅能够对空间进行装饰，还能够直击受众的内心，并影响空间给受众带来的直接感受。

　　这是一款书店的室内空间设计，画面通过颜色对空间的区域进行引导，将设有书架的一侧设置为黄色，与右侧形成鲜明的对比，界限清晰，说明性强。

　　这是一款店铺商品陈列区域的空间设计。本设计利用颜色将空间区域进行分类，同时又在天花板处通过色条对行进路线进行了引导。

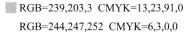

- RGB=239,203,3 CMYK=13,23,91,0
- RGB=244,247,252 CMYK=6,3,0,0
- RGB=203,204,215 CMYK=24,18,11,0

- RGB=227,232,230 CMYK=13,7,10,0
- RGB=66,141,53 CMYK=76,32,100,0
- RGB=183,235,152 CMYK=35,0,52,0
- RGB=63,80,27 CMYK=77,59,100,31

2.3.4 通过灯光进行引导

　　灯光是商业空间设计中必不可少的重要元素之一，这种元素种类繁多、样式多变，并可以通过色彩、大小、位置、形状和明暗的不同，营造出与商品和品牌风格相符的空间氛围，同时还可以通过色彩之间的对比对受众进行视觉引导。

　　在天花板上设置曲线的柔和粉色灯带对空间进行装饰，在提升空间美感的同时也对消费者的行进路线进行了引导。

- RGB=229,227,226 CMYK=12,10,10,0
- RGB=80,82,85 CMYK=74,66,61,18
- RGB=164,69,126 CMYK=45,84,29,0
- RGB=204,207,230 CMYK=24,18,3,0

　　这是一款服装店铺的商业空间设计，

2.4 环境心理学

  环境心理学是专门研究环境对于受众心理影响的科学。现如今，商业空间作为人类生活中重要的公共空间，在满足城市经济发展的同时，还要将受众、空间与城市三要素紧密地联系在一起，注重人们在商业空间活动的过程中，空间的整体氛围带给人们的直接心理体验和感受，在探索和尝试中不断对环境进行改善，以逐渐达成受众、空间和城市之间的完美融合。

  商业空间作为人们日常生活与活动的重要场所，在设计的过程当中，只有准确地抓住环境心理学的要素，才能够设计出美观且合理的空间效果。

2.4.1　受众在环境中的视觉界限

要想知道环境对人们内心的影响，首先要了解受众在商业空间中的视觉范围，知道范围内的哪些元素能够对受众产生最直接的影响。我们知道，人眼的视觉界限是有限的，在商业空间设计的过程当中，要根据人眼对周遭环境的感受能力，将设计元素根据重要程度进行合理的摆放。同时还要注意，商业空间的设计既不能拥挤闭塞，也不能空旷乏味，要通过空间本身与商品展示区域的合理比例，使受众获得亲切感。

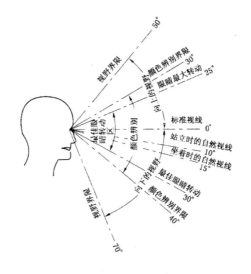

2.4.2　注重受众在商业空间中的私密性

商业空间虽然是人们活动和消费的公共空间，但是在设计的过程当中仍需要注重人与人之间的私密性。例如在设计餐饮类的商业空间时，如果将两对相邻的座椅摆放得过于紧密，很可能会降低消费者在消费体验中的舒适度，使其在消费的过程中被外界所干扰或妨碍，导致尴尬的局面。因此适当的距离感或是在空间中设置隔断，会提升顾客的舒适度和私密感。

2.4.3 空间形状传递给受众的视觉印象

空间的形状能够将信息较为直观地传递给受众。例如，中规中矩、棱角分明的空间，能够营造出一种沉稳、严肃的空间氛围，三角形的空间能够向人们传递出活跃、兴奋的气息，曲线的空间能够使人产生柔和且富有动感的情绪，不规则的变化则带给人们一种丰富、不稳定的感受。因此在设计的过程当中，要根据商业空间的属性和所展示产品的特性，选择空间的设计风格。

2.4.4 环境对受众心理的影响

商业空间的环境，会给消费者的内心带来直观的影响，并通过视觉、听觉、触觉、嗅觉等元素来影响消费者的内心情绪。

例如，富丽堂皇、高雅时尚的商业空间氛围，会提升商品的档次，为消费者营造出高档、优雅的消费环境。反之，简陋陈旧的购物环境会降低消费者的购买欲望。或者是在节假日期间，空间的主题氛围更加有助于节日相关产品的销售。新颖奇特的空间氛围能够瞬间引起消费者的好奇心，增加消费者在空间内的逗留时间，从而达到促进消费的目的。

由此可见，商业空间的环境影响着消费者对产品的认知和购买的决策。

第**3**章 商业空间设计的基础色

随着社会的发展，人类的审美趣味越来越丰富，为了满足人类对于审美的个性化要求，商业空间作为人类活动空间中最复杂、最多元的空间类别之一，在设计方面有着更为高层次的标准，其中，色彩便是不可或缺的重要元素之一。巧妙的色彩搭配能够使空间设计得到升华。

商业空间设计的基础色主要可分为红、橙、黄、绿、青、蓝、紫、黑、白、灰。不同的色彩展现出来的空间效果能够带给受众不同的视觉感受，例如，红色给人以热情、温暖、祥和的视觉氛围，蓝色则使人感受到清凉、冷静、安全和理性。

◆ 色彩可分为有彩色系和无彩色系。

◆ 通过色彩的表达，可以使空间展现出进或退、冷或热、轻或重、软或硬、华丽或朴素等氛围。

◆ 在设计色彩的过程当中要考虑受众人群的年龄、性别、习俗等因素，注重色彩的宜人性。

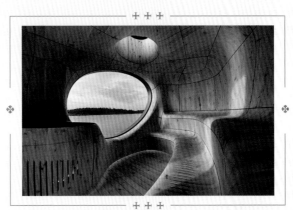

3.1 红

3.1.1 认识红色

红色：红色是可见光谱中长波末端的颜色，是一种相对来讲较为极端的色彩，由于红色的热烈与浓郁特性，通常情况下会营造出两种极端的视觉效果。

色彩情感：热烈、浓郁、警告、危险、热情、生命、死亡、鲜活、乐观、喜庆。

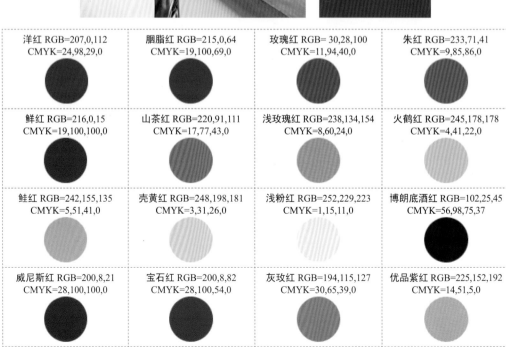

洋红 RGB=207,0,112 CMYK=24,98,29,0	胭脂红 RGB=215,0,64 CMYK=19,100,69,0	玫瑰红 RGB=30,28,100 CMYK=11,94,40,0	朱红 RGB=233,71,41 CMYK=9,85,86,0
鲜红 RGB=216,0,15 CMYK=19,100,100,0	山茶红 RGB=220,91,111 CMYK=17,77,43,0	浅玫瑰红 RGB=238,134,154 CMYK=8,60,24,0	火鹤红 RGB=245,178,178 CMYK=4,41,22,0
鲑红 RGB=242,155,135 CMYK=5,51,41,0	壳黄红 RGB=248,198,181 CMYK=3,31,26,0	浅粉红 RGB=252,229,223 CMYK=1,15,11,0	博朗底酒红 RGB=102,25,45 CMYK=56,98,75,37
威尼斯红 RGB=200,8,21 CMYK=28,100,100,0	宝石红 RGB=200,8,82 CMYK=28,100,54,0	灰玫红 RGB=194,115,127 CMYK=30,65,39,0	优品紫红 RGB=225,152,192 CMYK=14,51,5,0

3.1.2　洋红 & 胭脂红

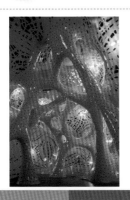

❶ 这是一款情景屋的空间设计。

❷ 洋红色活泼灵动，为空间营造出积极热情的氛围。

❸ 相互交错的平滑曲面使空间具有丰富的流动性，表面上镂空的效果与精心设计的灯光照射形成梦幻、个性的空间效果。扑面而来的另类感让人充满了紧张与刺激感。

❶ 这是一款学院入口的空间设计。

❷ 空间以胭脂红为主色，营造出热情、富有正能量的空间氛围，极具感染力。

❸ 入口采用玻璃门，通过阳光的照射使室内空间更加明亮，在墙面上装置大学的Logo，以此点明了空间的主题。

3.1.3　玫瑰红 & 朱红

❶ 这是一款品牌零售店的店面设计。

❷ 店面的外观设计以玫瑰红为主色调，搭配地中海的海蓝色和黄色，营造出亮眼又天然的空间效果。

❸ 空间设计的线条清晰流畅，通过不同的装饰元素突出了地中海风格。

❶ 这是一款材料展区的空间设计。

❷ 朱红色的椅子在黑色和灰色的衬托下显得格外鲜艳，空间配色张弛有度，舒适感极强。

❸ 弧形的拱门、桌椅和地毯，搭配柔和的灯光，营造出舒适的休闲空间。

3.1.4 鲜红 & 山茶红

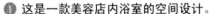

① 这是一款美容店内浴室的空间设计。

② 浴室采用了大胆的鲜红色，使空间充满了热情与温暖。

③ 浴室设备与圆环灯具搭配，简洁且富有个性，在空间中成为一处犹如异次元通道般的独一无二的存在。

① 这是一款红茶饮品店的空间设计。

② 空间整体采用以茶为设计灵感的色调，温婉优雅的山茶红背景与丰富的茶色和实木座椅搭配，营造出和暖文雅的空间氛围。

③ 将茶与灯具相结合，错落有致地展现在背景墙上，点明主题，为消费者营造出轻松惬意的饮茶空间。

3.1.5 浅玫瑰红 & 火鹤红

① 这是一款餐厅入口处的空间设计。

② 浅玫瑰红色俏皮不失温馨，活泼不失安静，搭配柔和的浅黄色系吊灯，使空间尽显浪漫温馨。

③ 上层空间圆环的塑造使整体的氛围更加活跃，并为空间增添了通透性。

① 这是一款办公区会议室的空间设计。

② 火鹤红平静而柔美，与浅灰色搭配营造出自然、温暖的空间氛围。

③ 背景帘垂感十足，为简约的空间增添了十足的重量感，搭配上曲线的桌面，使原本严肃紧张的会议室变得更加轻松柔和。

3.1.6　鲑红 & 壳黄红

❶ 这是一款观演大厅的空间设计。

❷ 鲑红色沉稳内敛，与黑色的座椅搭配，低调平稳。

❸ 空间内部棱角分明、灵活多变，层次感强，建筑师用现代的手法重新演绎了古城随处可见的砖墙，表达了对历史悠久的古城的敬意。

❶ 这是一款咖啡精品店内就餐区域的空间设计。

❷ 空间整体采用壳黄红，使整体空间富有浪漫的甜蜜感。

❸ 空间几何感强烈，却并不呆板，弧形的设计使空间氛围更加灵活有趣。

3.1.7　浅粉红 & 博朗底酒红

❶ 这是一款美甲沙龙店的空间设计

❷ 浅粉红色温馨舒适，柔软梦幻，搭配金色镶边，更显空间光泽、深度和纹理的独特之处，营造出深受女性喜爱的空间氛围。

❸ 空间设计充满女性复古情调，风格统一、柔软舒适的椅子从细节上强化了空间的柔美感。

❶ 这是一款餐厅内就餐区域的空间设计。

❷ 博朗底酒红是浓郁的暗红色，明度较低，让人感受到浓郁、丝滑、魅惑。

❸ 红色系的空间加以白色和金属色的点缀，营造出华丽、高贵的空间氛围。

❹ 将五角星展现在凹凸不平的墙面上，凸显出室内的空间感。

3.1.8 　威尼斯红 & 宝石红

① 这是一款展览馆室内的空间设计。

② 空间以威尼斯红为主色，高明度和高纯度的威尼斯红为空间增添了十足的朝气。

③ 展品的摆放设计感十足，散落在空间内的多个几何块从一个特定的角度上去看，则像一个完整的立方体。

① 这是一款滑雪场室外等候区的空间设计。

② 空间采用鲜艳的宝石红，与雪的白色形成鲜明对比，为寒冷的冬天增添了一丝温暖气息。

③ 红色从房屋向外蔓延，从白色过渡到红色，染红桌椅，到界限处戛然而止，将静止的空间装扮得活灵活现。

3.1.9 　灰玫红 & 优品紫红

① 这是一款餐厅就餐区域的空间设计。

② 灰玫红明度较低，但纯度较高，搭配暖色调木质桌面和墙面的灰色，营造出甜蜜、安宁的空间氛围。

③ 空间采用裸露的灰泥墙与闪闪发光的波纹金属板形成鲜明而别致的对比，棚顶处设有绿色植物从灯具间垂落，为现代工业风格的餐厅添加了一抹生机与朝气。

① 这是一款艺术酒店就餐区域的空间设计。

② 优品紫红色调柔和，清新前卫。与白色搭配，营造出甜蜜、安闲的空间氛围。

③ 色调鲜亮的雕塑是主要的造型和功能区域，柔和且流畅的线条营造出轻松舒适的就餐环境。

3.2 橙色

3.2.1 认识橙色

橙色: 橙色是介于红色与黄色之间的颜色, 既有红色的热情, 又有黄色的明亮和轻快, 在暖色系中, 是最为温暖的一种色彩。

色彩情感: 光辉、温暖、甜腻、庄严、权贵、神秘、活力、激情、热烈、高贵、华丽。

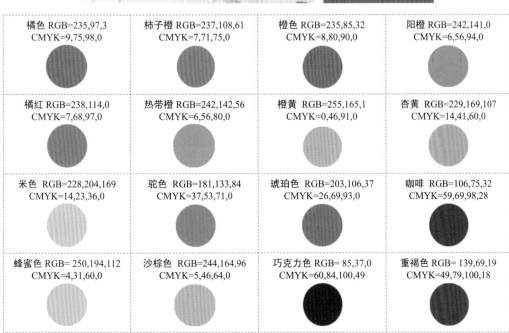

橘色 RGB=235,97,3 CMYK=9,75,98,0	柿子橙 RGB=237,108,61 CMYK=7,71,75,0	橙色 RGB=235,85,32 CMYK=8,80,90,0	阳橙 RGB=242,141,0 CMYK=6,56,94,0
橘红 RGB=238,114,0 CMYK=7,68,97,0	热带橙 RGB=242,142,56 CMYK=6,56,80,0	橙黄 RGB=255,165,1 CMYK=0,46,91,0	杏黄 RGB=229,169,107 CMYK=14,41,60,0
米色 RGB=228,204,169 CMYK=14,23,36,0	驼色 RGB=181,133,84 CMYK=37,53,71,0	琥珀色 RGB=203,106,37 CMYK=26,69,93,0	咖啡 RGB=106,75,32 CMYK=59,69,98,28
蜂蜜色 RGB=250,194,112 CMYK=4,31,60,0	沙棕色 RGB=244,164,96 CMYK=5,46,64,0	巧克力色 RGB=85,37,0 CMYK=60,84,100,49	重褐色 RGB=139,69,19 CMYK=49,79,100,18

3.2.2　橘色 & 柿子橙

① 这是一款图书馆阅览区域的空间设计。

② 地面采用大面积的橘色，温馨、华丽、清新、欢乐并带有愉快色彩，易于刺激读者，引发读者的阅读热情。搭配黑白相间的格子图案，使过于鲜亮的颜色得以中和，避免受众产生审美疲劳。

③ 将阅读区域摆放在空间的两侧，规整有序，条理清晰。

① 这是一款音乐学院内礼堂的空间设计。

② 空间以柿子橙为主色，加以白色条纹灯光进行照射，营造出高亢激昂，艺术感强烈的空间氛围。

③ 室内空间陈列井然有序，与躁动的色彩形成鲜明的对比。

3.2.3　橙色 & 阳橙

① 这是一款商业别墅的室外设计。

② 橙色温暖而高贵，华美而艳丽，将其展现在室外，加以阳光的照射，能够营造出富丽华贵的视觉效果。

③ 打破常规的住宅设计，斜面的橙色外墙与平面创造出透视效果，新颖独特。

① 这是一款与癌症儿童相关的医疗保健、研究和培训的空间设计。

② 根据空间的受众范围，采用低饱和度的阳橙色，欢快而柔和，治愈性强。

③ 柔和而有力的线条搭配明亮的落地窗，形成了一个识别性强，且便于熟悉的室内环境。

3.2.4 橘红 & 热带橙

① 这是一款室内咖啡厅的空间设计。

② 设计师摒弃了以往浓郁厚重的色调，采用大面积的橘红色打造出别致梦幻的空间，新奇且单一的配色方案增强了店铺的认知度。

③ 空间以黑白色的装饰品作为点缀，中和了刺眼的颜色，使空间氛围更加柔和舒适。

① 这是一款就餐区域的空间设计

② 高明度的热带橙营造出欢乐、健康的空间氛围。

③ 在四周配以高挑绿色的植物作为点缀，为来往的顾客打造出清新、自然的就餐环境。

3.2.5 橙黄 & 杏黄

① 这是一款办公楼内大堂的空间设计。

② 空间采用鲜亮的橙黄色，积极上进，生机勃勃，使空间得到了升华。

③ 空间以黑色和白色作为底色，能够将橙黄色的活泼淋漓尽致地衬托出来。

① 这是一款共享办公室的空间设计。

② 半封闭的空间大面积采用杏黄色，与深蓝色和黑色搭配，对比强烈，张弛有度。

③ 使用大胆的几何体与鲜亮的色彩相互映衬，营造出活跃，且富有动感的空间效果。

3.2.6 米色 & 驼色

① 这是一款酒吧内休息区的空间设计。

② 空间以米色为主色，搭配灰色与象牙白，温馨惬意，舒适安宁。

③ 柔和的灯光，温馨的色调，加以颜色艳丽的装饰画元素作为点缀，使空间的整体效果温馨且前卫。

① 这是一款床品零售店的空间设计。

② 空间以驼色为主色，与空间的主题相互呼应，尽显柔和与舒适，搭配色彩斑斓的床上用品作为点缀，使空间看起来温馨且平易近人。

③ 导轨上配以 LED 射灯，可以根据需要随意改变位置和角度，以便照亮不同区域将重点商品进行重点展示，并获得丰富的明暗对比和光影层次。

3.2.7 琥珀色 & 咖啡色

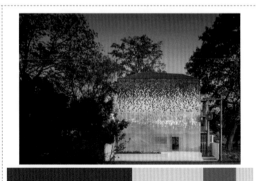

① 这是一款楼梯转角处的空间设计。

② 琥珀色是介于黄色与咖啡色之间的颜色，华贵且秀丽，配以灰色将其进行中和，使空间的视觉效果得到中和。

③ 在台阶处，微弱的射灯整齐地排列着，与墙壁的琥珀色形成相互呼应之势。

① 这是一款酒店外观的空间设计。

② 咖啡色醇厚内敛，低调沉稳，与白色和周围植物的绿色搭配，营造出纯粹、天然的空间氛围。

③ 酒店屋顶以不对称的形式呈现，与周围的树冠自然融为一体。小尺寸的木瓦单元像鱼鳞般排列成一块密不透水的建筑平面，使整体空间充满了时尚气息与现代感。

3.2.8 蜂蜜色 & 沙棕色

① 这是一款办公室的空间设计。

② 蜂蜜色是一种明度较低的颜色，因此运用在空间中会营造出平易近人，温暖低调的空间氛围。

③ 设计师运用结构主义的折线、多面体和强烈的色彩对比，营造出动感强烈的办公氛围。

① 这是一款住宅外部环境的空间设计。

② 住宅的外貌以沙棕色为主色调，配以白色，营造出青春、时尚的空间氛围。

③ 住宅采用垂直立面玻璃，便于更好地采光，同时也加大了室内空间的采光面积，营造出温馨的氛围。

3.2.9 巧克力色 & 重褐色

① 这是一款耳机店的室内空间设计。

② 空间的配色单一简约，将浓郁的巧克力色与纯净的白色搭配在一起，在较小的空间内为顾客带来安静、亲密、舒适且充满感情色彩的空间。

③ 利用白色折叠的金属板覆盖墙面与天花板，与巧克力色的平面形成鲜明的对比，并以此来增强空间的流动性和活跃性。

① 这是一款商品展示间的室内空间设计。

② 重褐色沉稳低调，并具有十足的复古气息，应用到空间设计中营造出安定、稳固的空间氛围。

③ 将砖块与金属架相结合，并通过展示品的大小将框架灵活地调整和移动，创意十足。

3.3 黄

3.3.1 认识黄色

黄色：黄色在中国古代是权力与高贵的象征，由于其鲜活明亮的视觉效果，在商业空间设计中很容易成为最为抢眼的色彩，因此在空间中具有强烈的向导性，更便于营造空间氛围。

色彩情感：高贵、鲜明、温暖、色情、辉煌、轻快、希望、坦率、利落、尖锐。

黄 RGB=255,255,0 CMYK=10,0,83,0	铬黄 RGB=253,208,0 CMYK=6,23,89,0	金 RGB=255,215,0 CMYK=5,19,88,0	香蕉黄 RGB=255,235,85 CMYK=6,8,72,0
鲜黄 RGB=255,234,0 CMYK=7,7,87,0	月光黄 RGB=155,244,99 CMYK=7,2,68,0	柠檬黄 RGB=240,255,0 CMYK=17,0,84,0	万寿菊黄 RGB=247,171,0 CMYK=5,42,92,0
香槟黄 RGB=255,248,177 CMYK=4,3,40,0	奶黄 RGB=255,234,180 CMYK=2,11,35,0	土著黄 RGB=186,168,52 CMYK=36,33,89,0	黄褐 RGB=196,143,0 CMYK=31,48,100,0
卡其黄 RGB=176,136,39 CMYK=40,50,96,0	含羞草黄 RGB=237,212,67 CMYK=14,18,79,0	芥末黄 RGB=214,197,96 CMYK=23,22,70,0	灰菊色 RGB=227,220,161 CMYK=16,12,44,0

3.3.2　黄 & 铬黄

① 这是一款旅游胜地的室外空间设计。

② 黄色活跃坦率，明快辉煌，可见度极高。

③ 将古老的建筑与黄色的同心圆相结合，新旧交替的碰撞加之如同波浪一般在空间中慢慢展现的图案，创造出独特的美学视觉体验。

① 这是一款室外休闲娱乐场所的空间设计。

② 空间采用大胆张扬的铬黄色，并与橘黄色的地面搭配，营造出兴奋、愉快的空间氛围。大胆的配色激活了城市的无限活力。

③ 这是一款充气结构建筑，空间结构饱满且变化多端，为来往的人们带来新奇的体验。

3.3.3　金 & 香蕉黄

① 这是一款室外咖啡吧的空间设计。

② 金色鲜艳明亮，与大自然的绿色相互映衬，营造出春意盎然、生机勃勃的景象。

③ 向外延伸的遮阳棚增添了自然景色与顾客之间的互动，令人在此环境之中产生愉悦的感受。

① 这是一款商业住宅的空间设计。

② 香蕉黄安稳平静却不沉闷，在点亮空间的同时也能给人温暖的感觉。

③ 线条与几何体组合的空间在平面布置上也不乏动感。

3.3.4 鲜黄 & 月光黄

① 这是一款画廊内学习室的空间设计。

② 空间以鲜黄色作为主色，鲜艳夺目，配以红色桁架梁和灯光的照射，使空间鲜艳夺目，个性十足。

③ 空间由一排排一列列的桌椅组成，整齐划一的排列中和了嘈杂的氛围。

① 这是一款食品类商场的空间设计。

② 月光黄淡雅柔和，清新明快。在空间中展现得十分抢眼。

③ 利用颜色将空间分为不同的区域，界限鲜明、分工明确。

3.3.5 柠檬黄 & 万寿菊黄

① 这是一款别墅住宅内餐厨的空间设计。

② 柠檬黄是在黄色中加了一抹绿色，鲜活自然、健康愉悦。

③ 空间宽敞明亮，配色新奇大胆，为就餐的人营造出自然、清新的氛围。

① 这是一款小型理发店的空间设计。

② 高饱和度的万寿菊黄给人一种自然、亲切的视觉感受，为狭小的空间带来了无限的生机与活力。

③ 万寿菊黄的商品架同时也是艺术装置，为顾客营造出充满艺术气息的空间。

3.3.6 香槟黄 & 奶黄

❶ 这是一款餐厅角落的空间设计。

❷ 香槟黄柔和平静，与高饱和的蓝色搭配，一强一弱的对比使空间张弛有度，空间感极强。

❸ 空间采用精致的黄铜饰面和瓷砖与粗粝的背景作对比，形成强烈的视觉冲击力，使空间更具个性化。

❶ 这是一款奇石商品店的空间设计。

❷ 奶黄色清新优雅，温婉宜人，与柔和低调的深浅灰色搭配，营造出简朴而温馨的空间氛围。

❸ 深灰色的背景墙，动感十足的图案纹理，为宁静的空间增添了一丝流动性。

3.3.7 土著黄 & 黄褐

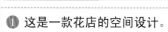

❶ 这是一款花店的空间设计。

❷ 土著黄纯度较低，以微弱的灯光作为点缀，低调而内敛。

❸ 空间以无痕的切换为设计理念，精致的前台与粗糙的裸露混凝土柱在色彩和材质上产生了强烈的反差，使之可以从活力四射的日间花店轻松切换到城市夜间生活场所。

❶ 这是一款商业住宅的空间设计。

❷ 黄褐色温厚恬静，与低纯度的蓝色搭配，营造出舒适且具有现代化风格的住宅空间。

❸ 将空间以两个色彩模块的方式呈现，黄色系代表烹饪区域，蓝色系代表休息区域，功能性极强。

3.3.8　卡其黄 & 含羞草黄

① 这是一款酒店休闲娱乐场所楼梯转角处的空间设计。

② 空间将卡其黄与通亮白色灯光搭配，动感华丽、热情炫酷。

③ 空间上方大面积地采用镜面设计，将上方炫酷的元素进行反射，营造出华丽、精美的空间氛围。

① 这是一款家具店的空间设计。

② 含羞草黄温暖自然，在纯净的空间内作为点缀色，点亮空间的同时能够为其营造出愉悦的空间氛围。

③ 空间上方是由鞋带编织而成的雕塑装置，个性化十足且具有引导作用。

3.3.9　芥末黄 & 灰菊黄

① 这是一款办公室内隔音电话间的空间设计。

② 芥末黄纯度较低，安静闲适，可以营造出平稳、安宁的空间氛围。

③ 空间以线条和矩形为主要设计元素，通过均等的距离和相互垂直与平行的线条为空间营造出规整有序、整齐划一的视觉效果。

① 这是一款历史文化中心阅读室的空间设计。

② 灰橘黄沉稳淡雅、简洁柔和，与纯净的白色搭配，营造出安静平和的阅读氛围。

③ 室内精致的线条与棚顶不加修饰的水泥顶形成鲜明的对比，为平淡的空间增添视觉冲击力。

3.4 绿

3.4.1 认识绿色

绿色：绿色介于青色与黄色之间，是与大自然最为贴近的色彩，清爽干净，在商业空间设计的过程当中，绿色系的应用会为空间营造出一种平和、安静、舒适、自然的视觉效果。

色彩情感：自然、清新、安全、希望、生命、平静、舒适、和平、环保、成长、生机、青春。

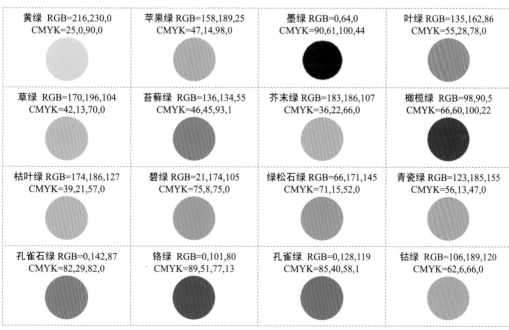

黄绿 RGB=216,230,0 CMYK=25,0,90,0	苹果绿 RGB=158,189,25 CMYK=47,14,98,0	墨绿 RGB=0,64,0 CMYK=90,61,100,44	叶绿 RGB=135,162,86 CMYK=55,28,78,0
草绿 RGB=170,196,104 CMYK=42,13,70,0	苔藓绿 RGB=136,134,55 CMYK=46,45,93,1	芥末绿 RGB=183,186,107 CMYK=36,22,66,0	橄榄绿 RGB=98,90,5 CMYK=66,60,100,22
枯叶绿 RGB=174,186,127 CMYK=39,21,57,0	碧绿 RGB=21,174,105 CMYK=75,8,75,0	绿松石绿 RGB=66,171,145 CMYK=71,15,52,0	青瓷绿 RGB=123,185,155 CMYK=56,13,47,0
孔雀石绿 RGB=0,142,87 CMYK=82,29,82,0	铬绿 RGB=0,101,80 CMYK=89,51,77,13	孔雀绿 RGB=0,128,119 CMYK=85,40,58,1	钴绿 RGB=106,189,120 CMYK=62,6,66,0

3.4.2　黄绿 & 苹果绿

① 这是一款餐厅的空间设计。

② 黄绿色鲜艳明快，生机盎然，与暖色系的实木色搭配，营造出自然的森林系风格，清新高雅。

③ 棚顶处简约的线条，使空间更加柔和，营造出轻松惬意的就餐氛围。

① 这是一款工作室内休闲区域的空间设计。

② 苹果绿平淡沉稳，在空间中展现具有舒缓压力，缓解视觉疲劳的功能。

③ 在背景墙上随意地陈列着照片，装饰空间的同时也能够拉近人与人之间距离。

3.4.3　墨绿 & 叶绿

① 这是一款食品公司休息区域的空间设计。

② 空间采用高纯度的墨绿色，点明了食品健康安全的主题，同时也使空间充满了自然、轻松的氛围。

③ 家具与墙面的颜色相互呼应，空间整体更显和谐统一，将农业场景呈现在背景墙上，紧扣主题。

① 这是一款咖啡屋室内环境的空间设计。

② 与以往的咖啡屋的配色不同，空间大面积采用叶绿色，使空间朝气蓬勃，春意盎然。

③ 空间内布满了艺术感十足的大理石纹路，华丽清新。

3.4.4　草绿 & 苔藓绿

❶ 这是一款酒店外观的设计。

❷ 草绿色淡雅却不失生机，空间采用绿色系的配色方案，通过不同的色相、明度和纯度加以展现，错落有致，层次感极强。

❸ 外观建筑材质为穿孔铝板，空洞的大小不一，创造出色调丰富，富有活力的建筑立面。

❶ 这是一款机场餐厅就餐区域的空间设计。

❷ 苔藓绿沉稳典雅，与天鹅绒、皮质材质结合在一起，尽显高贵大气。

❸ 与生硬的机场餐厅不同，空间上方拱券的设计除了具有良好的承重特性外，还能够美化空间。

3.4.5　芥末绿 & 橄榄绿

❶ 这是一款银行内部功能服务区的空间设计。

❷ 芥末绿明度较低，能为空间营造出平和、沉稳、安静的氛围。

❸ 向内凹陷的空间形成高低及深度不同的功能服务区，并由白色垂直遮光百叶作为立面，与流动感极强的内凹空间相互交叠。

❶ 这是一款餐厅就餐区域的空间设计。

❷ 橄榄绿是一种色彩饱和度较低的颜色，复古、温和且优雅，搭配低饱和度的红色，打造出沉稳且典雅的就餐环境。

❸ 分隔餐厅与厨房的大面积玻璃使用了锤纹铜漆，为原本双色调的空间增添了一抹亮眼的色彩

3.4.6　枯叶绿 & 碧绿

1. 这是一款办公室内办公区域的空间设计。
2. 枯叶绿平稳低调，用在办公区不仅能够平稳心态，还具有舒缓疲劳的作用，与橘黄色搭配，可谓"各司其职"。
3. 在办公室内设有高尔夫球洞，将工作与运动相结合，营造出轻松、舒适的办公环境。

1. 这是一款服装店内试衣间的空间设计。
2. 碧绿色清脆悠扬、清新自然且富有活力，搭配实木色的家具和地板，整体营造出一种活泼且温馨的空间氛围。
3. 采用绿色的沃刻板对空间进行装饰，通过凹与凸的展现增强了空间的层次感。

3.4.7　绿松石绿 & 青瓷绿

1. 这是一款吧台一侧用餐区域的空间设计。
2. 空间大面积采用绿松石绿，活泼自然，与黄色和红色搭配，对比强烈，视觉冲击力强。
3. 空间采用大量的彩色图形元素，赋予空间无限的生机与活力，使其个性十足。

1. 这是一款餐厅就餐区域的空间设计。
2. 将座椅设置为青瓷绿，活跃了空间的气氛，并与纯净的白色搭配，营造出清新愉悦的就餐氛围。
3. 椅子的后面设有大面积的镜面，丰富了空间感。

3.4.8　孔雀石绿 & 铬绿

① 这是一款服装店吧台区域的空间设计。
② 高饱和度的孔雀石绿在该空间中十分醒目，与暖色调的背景形成鲜明的对比，空间色彩搭配有退有进，张弛有度。
③ 镜面的反射增强了灯光的装饰效果，使空间更加宽敞明亮。

① 这是一款公寓内厨房的空间设计。
② 铬绿明度较低，稳重内敛，与金色的装饰搭配，给人以华丽、精致的视觉感受。
③ 图形为空间主要的设计元素，通过图形与色彩将空间统一化。

3.4.9　孔雀绿 & 钴绿

① 这是一款办公区域内的展示空间设计。
② 空间以浓郁的孔雀绿为背景颜色，沉稳庄重，与展示品的黄色和红色搭配，打造出具有强烈视觉冲击的空间氛围。
③ 将物品有条不紊地陈列在空间内，与沉稳的背景相互呼应，并在角落处摆放绿植，既能为空间增添自然的气息又起到很好的陪衬作用。

① 这是一款咖啡厅入口的空间设计。
② 大面积应用钴绿色，高明度的色彩与纯净明亮的白色搭配，营造出清新、活跃的空间氛围。
③ 裸露的管道两侧设有射灯，从入口处一直延伸到就餐区域，将两个空间连接起来，并起到引导作用。

3.5 青

3.5.1 ▷ 认识青色

青色：青色是一种较难分辨的色彩，可以理解为发蓝的绿色或者发绿的蓝色，因此该色彩具备绿色和蓝色的双重特征，在中国古代社会，青色具有极其重要的意义，通常情况下象征着坚强、希望与庄重。

色彩情感：清脆、悠扬、深邃、清澈、古朴、清爽、传统、伶俐。

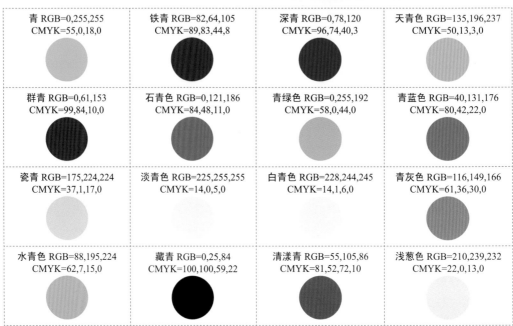

青 RGB=0,255,255
CMYK=55,0,18,0

铁青 RGB=82,64,105
CMYK=89,83,44,8

深青 RGB=0,78,120
CMYK=96,74,40,3

天青色 RGB=135,196,237
CMYK=50,13,3,0

群青 RGB=0,61,153
CMYK=99,84,10,0

石青色 RGB=0,121,186
CMYK=84,48,11,0

青绿色 RGB=0,255,192
CMYK=58,0,44,0

青蓝色 RGB=40,131,176
CMYK=80,42,22,0

瓷青 RGB=175,224,224
CMYK=37,1,17,0

淡青色 RGB=225,255,255
CMYK=14,0,5,0

白青色 RGB=228,244,245
CMYK=14,1,6,0

青灰色 RGB=116,149,166
CMYK=61,36,30,0

水青色 RGB=88,195,224
CMYK=62,7,15,0

藏青 RGB=0,25,84
CMYK=100,100,59,22

清漾青 RGB=55,105,86
CMYK=81,52,72,10

浅葱色 RGB=210,239,232
CMYK=22,0,13,0

3.5.2　青 & 铁青

① 这是一款酒店内公共活动区域的空间设计。

② 将沙发座椅设置成高明度的青色，清脆活跃的青色搭配鲜艳热情的橙色和沉稳开阔的深蓝色，打造出极具视觉冲击力的活动空间。

③ 空间以图形为主要设计元素，通过线条、矩形和元素的搭配使空间的氛围更加生动活泼。

① 这是一款餐厅就餐区域的空间设计。

② 铁青色沉稳内敛，在空间中展现能够营造出优雅、沉静的氛围，与红色的桌椅搭配，低饱和度的配色方案降低了空间的视觉冲击力。

③ 天花板上的灯光好似炸裂的烟花，绚烂而开阔，营造出梦幻、沉稳的就餐氛围。

3.5.3　深青 & 天青色

① 这是一款酒店大厅的空间设计。

② 深青色是一种沉稳而优雅的色彩，在空间中将座椅设置成深青色，并与鲜艳的红色搭配，通过色彩的强烈对比增强了空间的视觉冲击力。

③ 地面采用黑白相间的格子纹理，在丰富空间的同时也通过经典而低调的配色为空间营造出时尚、前卫的氛围。

① 这是一款公寓楼梯和楼台的空间设计。

② 天青色清澈而沉稳。通过阳光的照射使其明暗各有不同。空间以不变应万变，利用单一的色彩营造出具有无限可能的空间。

③ 充分利用"凹"与"凸"来营造强烈的空间感。

3.5.4　群青 & 石青色

① 这是一款零售商店内部的空间设计。

② 空间以高饱和度的群青色为主色，深邃而神秘，奠定了空间的感情基调，再以黄色作为点缀，鲜活生动，视觉冲击力极强。

③ 以图形为主的铁架置物架在墙壁边缘处环绕，虽然陈列的方式相同，但形状各异，使空间整体看上去既规整又丰富。

① 这是一款商场卫生间的空间设计。

② 空间以白色作为底色，配以高明度的石青色，纯净而亮丽。

③ 为背景添加了同色系的小方块，使狭小的空间看上去更有层次感。

④ 绿植的摆放为空间增添了生机与活力。

3.5.5　青绿色 & 青蓝色

① 这是一款酒店室外休闲区域的空间设计。

② 青绿色是一种高明度的色彩，清新生动，充满无限活力，与轻快的黄色和安稳的深蓝色搭配，打造出自然活跃的休闲空间。

③ 将黑白色的条纹元素作为贯穿整个空间的装饰元素，使空间氛围和谐，主题醒目。

① 这是一款咖啡吧的室内空间设计。

② 空间以青蓝色为主色，坚定、柔和、内敛，配以暖色系的灯光，使空间整体看上去更加温馨。

③ 希腊风格的内饰令空间的整体氛围格外清新，黄铜材质的灯具和脚踏轨道增添了室内的工业化氛围。

3.5.6　瓷青 & 淡青色

① 这是一款餐厅内部的空间设计。

② 瓷青色和石青色搭配，色调和谐统一，加以黄色的灯光进行点缀，营造出清新、时尚的空间氛围。

③ 空间的设计灵感来源于卧铺火车车间，以铁链悬挂的置物架仿佛卧铺车间中层叠的床铺和不锈钢饭盒打造而成的吊灯等元素无不吸引着来往的路人。

① 这是一款酒店内餐厅转角处的景观设计。

② 将座椅设置成淡青色作为空间的点缀色，在深厚、稳重的空间中显得格外显眼，打造出平和却不失清新的空间氛围。

③ 空间整体效果规整有序，通过墙壁上悬挂的风景壁画和圆角的座椅使空间的氛围更加活泼。

3.5.7　白青色 & 青灰色

① 这是一款餐厅就餐区域的空间设计。

② 空间墙壁色彩丰富，以白青色为主色与淡雅清澈的白青色搭配，沉稳、温和、清新的丰富色彩，营造出生动有趣的空间氛围。

③ 空间中的就餐位置轻松随意，搭配活泼生动的壁画，使整体空间看上去更富趣味性。

① 这是一款以组装电脑主板的方式建造而成的办公空间。

② 青灰色低调内敛，沉稳平静，与远处的橘红色形成鲜明的对比，形成强烈的视觉冲击力。

③ 空间既开放又相互分隔，并通过渐变的色彩进行视觉引导，功能与美貌并存。

3.5.8 水青色 & 藏青

① 这是一款学生公寓室外通道的空间设计。
② 水青色色彩鲜明，给人以清凉、沉稳的视觉印象。
③ 大写的字母"H"代表"Hotel"，并设有指向左右两侧的箭头，具有说明性和引导性。

① 这是一款医疗中心候诊室的空间设计。
② 藏青色颜色明度较低，通常给人以理智、坚毅、勇敢的印象。
③ 空间是由 90°圆弧的陶土墙围合而成，稳重坚实，使来往的病患安全感倍增。

3.5.9 清漾青 & 浅葱青

① 这是一款灯具展览馆的空间设计。
② 空间的背景采用清漾青色，沉稳内敛，配以艳丽的洋红色，彰显出空间复古、华贵之感。
③ 空间采用对称式格局，将展示品悬挂在空中，与静止的墙面和桌椅形成鲜明的对比，使展示品在空间中尤为突出。

① 这是一款牙科诊所前台处的空间设计。
② 地面采用浅葱色，纯净明快，与白色的背景颜色搭配，提升了空间的亮度，与空间的主题相互呼应，并营造出平静、舒缓的空间氛围。
③ 蔓延在天花板和墙壁上的白色木条装饰在空间中具有强烈的引导作用。

3.6 蓝

3.6.1 认识蓝色

蓝色：蓝色是一种深邃而又稳重的色彩，象征着永恒与安全，在商业空间设计的过程当中，蓝色的应用会为空间营造出踏实、理智的空间氛围。

色彩情感：冷酷、纯净、理智、冷静、睿智、遥远、安全、安详、广阔、诚实、深邃。

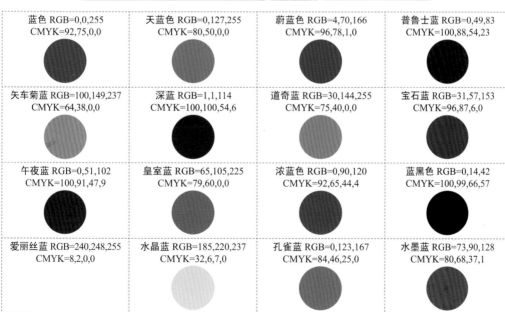

蓝色 RGB=0,0,255 CMYK=92,75,0,0	天蓝色 RGB=0,127,255 CMYK=80,50,0,0	蔚蓝色 RGB=4,70,166 CMYK=96,78,1,0	普鲁士蓝 RGB=0,49,83 CMYK=100,88,54,23
矢车菊蓝 RGB=100,149,237 CMYK=64,38,0,0	深蓝 RGB=1,1,114 CMYK=100,100,54,6	道奇蓝 RGB=30,144,255 CMYK=75,40,0,0	宝石蓝 RGB=31,57,153 CMYK=96,87,6,0
午夜蓝 RGB=0,51,102 CMYK=100,91,47,9	皇室蓝 RGB=65,105,225 CMYK=79,60,0,0	浓蓝色 RGB=0,90,120 CMYK=92,65,44,4	蓝黑色 RGB=0,14,42 CMYK=100,99,66,57
爱丽丝蓝 RGB=240,248,255 CMYK=8,2,0,0	水晶蓝 RGB=185,220,237 CMYK=32,6,7,0	孔雀蓝 RGB=0,123,167 CMYK=84,46,25,0	水墨蓝 RGB=73,90,128 CMYK=80,68,37,1

3.6.2　蓝色 & 天蓝色

① 这是一款以水为主题的博物馆的空间设计。

② 蓝色明度较高，沉稳大气，与"水"的主题相互呼应，配以白色，营造出天然、纯净、广阔、深邃的视觉效果。

③ 在天花板和地面上设计了可以照亮整个空间的元素，相互对称，设计感十足。

① 这是一款美甲店室内空间设计。

② 空间采用高明度的天蓝色，精致纯净。

③ 大胆的线条使白色的室内空间更加富有生机，在背景墙上利用白色、蓝色、橙色和粉色营造出的渐变效果，与椅子的天蓝色相映成趣。

3.6.3　蔚蓝色 & 普鲁士蓝

① 这是一款餐厅门店外部的空间设计。

② 蔚蓝色自然秀丽，宁静清澈，与粉色搭配，冷暖结合，时尚前卫，使空间的整体效果更加柔和。

③ 空间的左右两侧相互对称，整体布局十分规整，灯光与店铺内部相互呼应，整体和谐统一。

① 这是一款工作室内休闲娱乐区域一角的细节设计。

② 普鲁士蓝平和稳重，由于饱和度偏低，在空间中展现会产生一种神秘感。

③ 背景墙面设计感十足，空间并没有采用左右对称的设计方式，有疏有密，张弛有度。

3.6.4　矢车菊蓝 & 深蓝

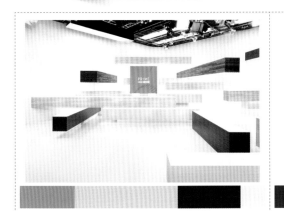

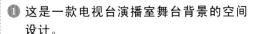

1. 这是一款电视台演播室舞台背景的空间设计。
2. 矢车菊蓝色彩清新，明度适中，与深浅实木色搭配，使其在空间中十分醒目，也提升了空间整体的色彩情感。
3. 空间中应用统一的装饰元素，通过不同的陈列方式，营造出空间感十足且具有设计感的空间。

1. 这是一款餐厅内部就餐区域的空间设计。
2. 深蓝色是一种低明度，高饱和度的颜色，深邃而沉稳，与明亮的黄色系搭配，对比色的配色方案增强了空间的视觉冲击力。
3. 圆形元素充满整个空间，如镜子、墙面悬挂的装饰品、桌椅板凳等。使空间整体看上去更加柔和、亲切、富有生命力。

3.6.5　道奇蓝 & 宝石蓝

1. 这是一款公寓内客厅的空间设计。
2. 道奇蓝明度较高，沉稳而广阔，用在空间中具有抚慰人心的作用。用白色和黑色作为底色，可以更好地凸显出道奇蓝的颜色特点。
3. 房屋的设计中规中矩，在棚顶处设计环形的造型，活跃了空间气氛。

1. 这是一款工作室办公区域的空间设计。
2. 空间以宝石蓝为主色，高饱和度的色彩与半透明的玻璃材质共同营造出梦幻且具有科技感的空间氛围。
3. 空间布局宽敞开放，配以适宜的灯光，营造出舒适的空间氛围。

3.6.6 　午夜蓝 & 皇室蓝

1 这是一款金枪鱼精品餐厅的空间设计。
2 午夜蓝是一种介乎于蓝色和黑色之间的颜色，好似午夜天空暗黑的颜色，这种低明度却高饱和度的色彩能够给人带来一种神秘、深邃的视觉感受。
3 棚顶的装饰宛若游过的鱼群，与渐变的色彩搭配，好似深邃空灵的深海。

1 这是一款花店室内角落细节的空间设计。
2 桌面采用精致的皇室蓝，高贵而冷艳，与多彩的鲜花形成鲜明的对比，具有良好的衬托作用。
3 精致的色彩与混凝土和砖块的陈旧肌理相互衬托，新旧更迭。

3.6.7 　浓蓝色 & 蓝黑色

1 这是一款青年旅社内就餐区域的空间设计。
2 空间大面积采用浓蓝色，温婉沉稳，与红色的座椅搭配，为平静的空间增添了一抹亮色，使人眼前一亮。
3 空间采用红、蓝色系，整体效果和谐统一。并通过图形和线条的陈列增强了墙面的空间感。

1 这是一款博物馆内小型影院的空间设计。
2 蓝黑色沉重而神秘，是一种能包容万物的颜色。
3 空间虽然较为狭窄，但是通过高高垂落的遮光窗帘增强了空间的厚重感。

3.6.8　爱丽丝蓝 & 水晶蓝

❶ 这是一款办公室咖啡厅区域的空间设计。

❷ 该空间以爱丽丝蓝为主色，清新淡雅的颜色搭配深实木色，营造出温馨不失清爽，优雅不失沉稳的空间氛围。

❸ 灰色的地面使空间的氛围更加沉稳、平静，营造出舒适、清闲的休闲空间。

❶ 这是一款酒吧内吧台处的空间设计。

❷ 空间采用水晶蓝，打造出清澈、明快的空间氛围。

❸ 透过圆弧形的吧台向内看去，是原始的砖墙和水泥墙面。精致与粗糙形成鲜明的对比，营造出强烈的视觉冲击力。

3.6.9　孔雀蓝 & 水墨蓝

❶ 这是一款学生公寓休闲区域的空间设计。

❷ 空间以高饱和度的孔雀蓝为主色，搭配鲜亮的红色椅子和摆在角落处的绿色植物，营造出具有超强视觉冲击力的空间。

❸ 空间中充满工业化的元素细节，颇有一种孟菲斯风格。

❶ 这是一款艺术博览会衣物寄存处的空间设计。

❷ 空间大面积采用水墨蓝，搭配清淡优雅的奶黄色，营造出平和、沉稳的空间氛围。

❸ 白色的解释说明性文字在空间中十分抢眼，简约的字体与复杂的纹理形成鲜明的对比，视觉冲击力极强。

3.7 紫

紫色：紫色是由温暖的红色和冷静的蓝色混合而成的色彩，是一种较为极端的颜色，在商业空间设计的过程当中，紫色的应用会为空间增添一丝温馨而又高雅的氛围。

色彩情感：醒目、前卫、神秘、浪漫、高雅、温和、尊贵、神圣、永恒、不安。

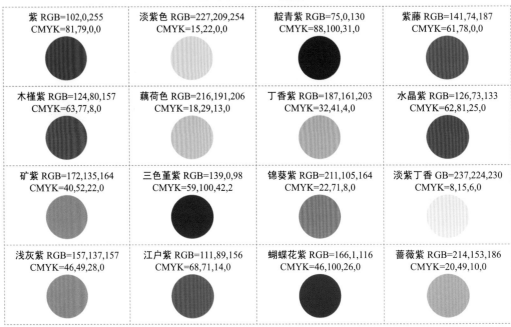

紫 RGB=102,0,255 CMYK=81,79,0,0	淡紫色 RGB=227,209,254 CMYK=15,22,0,0	靛青紫 RGB=75,0,130 CMYK=88,100,31,0	紫藤 RGB=141,74,187 CMYK=61,78,0,0
木槿紫 RGB=124,80,157 CMYK=63,77,8,0	藕荷色 RGB=216,191,206 CMYK=18,29,13,0	丁香紫 RGB=187,161,203 CMYK=32,41,4,0	水晶紫 RGB=126,73,133 CMYK=62,81,25,0
矿紫 RGB=172,135,164 CMYK=40,52,22,0	三色堇紫 RGB=139,0,98 CMYK=59,100,42,2	锦葵紫 RGB=211,105,164 CMYK=22,71,8,0	淡紫丁香 GB=237,224,230 CMYK=8,15,6,0
浅灰紫 RGB=157,137,157 CMYK=46,49,28,0	江户紫 RGB=111,89,156 CMYK=68,71,14,0	蝴蝶花紫 RGB=166,1,116 CMYK=46,100,26,0	蔷薇紫 RGB=214,153,186 CMYK=20,49,10,0

3.7.2　紫色 & 淡紫色

❶ 这是一款教育中心活动室区域的空间设计。

❷ 高饱和度的紫色神秘且醒目，将其设置为座椅的颜色，并与墙壁的渐变色相互呼应，营造出高雅、沉稳的空间氛围。

❸ 空间布局规整有序，通过墙壁上渐变的色彩活跃了整体氛围，使空间更加活泼生动。

❶ 这是一款办公建筑休息区域的空间设计。

❷ 将中心处的坐垫设置为淡紫色，周围同色系的配色方案营造出和谐统一，温馨平和的空间氛围。实木色的地板和台阶使温暖和善的氛围更加突出。

❸ 右侧的隔断墙板以曲线为主要设计元素，通过柔和而又流畅的线条与坐垫元素形成相互呼应之势。

3.7.3　靛青紫 & 紫藤

❶ 这是一款酒店客房的空间设计。

❷ 空间以靛青紫色为主色，深邃而稳重，搭配纯净的白色和浅实木色，营造出温馨而安稳的空间氛围。

❸ 空间采用大面积的落地窗，能够最大限度地接收室外的光线。

❶ 这是一款酒店楼梯处的空间设计。

❷ 将背景设置为紫藤色，柔和优雅的色彩搭配灰色的背景，为空间营造出平和温馨的氛围。

❸ 在柔和淡雅的灰色背景上绘制流畅的曲线花纹，使空间看上去更加活跃、灵动。

3.7.4 木槿紫 & 藕荷色

① 这是一款展览雕塑馆内展览区域的空间设计。

② 将展示品设置为木槿紫，柔和而温馨，搭配驼色的地面，打造出平稳且融洽的空间氛围。

③ 空间以"懒洋洋的你我他"为设计理念，采用钢制塑料材质展现出人们懒洋洋的生活状态。

① 这是一款餐厅内部吧台和就餐区域的空间设计。

② 藕荷色是一种浅紫而略带粉色的颜色，淡雅而梦幻、温柔而圣洁。

③ 壁画前卫而醒目，彰显出热情而亲切的空间氛围。

3.7.5 丁香紫 & 水晶紫

① 这是一款餐厅就餐区域的空间设计。

② 丁香紫神秘而高贵，淡雅而轻柔，在空间中与深实木色搭配，营造出宁静、平和的空间氛围。

③ 空间风格温馨而华美，流露出浓厚的历史文化韵味。

① 这是一款酒店室外就餐区域的空间设计。

② 空间将座椅设置成水晶紫色，浓郁而沉稳，低调而不沉闷。

③ 桌椅的摆设在空间的左右两侧呈线形陈列，规整的布局在室外自然惬意的空间中显得格外显眼。

3.7.6　矿紫 & 三色堇紫

❶ 这是一款餐厅用餐区域的空间设计。

❷ 将座椅设置成矿紫色，低明度的紫色为空间营造出柔和、淡雅、平和的视觉效果，搭配实木色的地板，使空间中温馨的氛围更加浓郁。

❸ 采用大面积的落地窗为空间带来充足的光线，使空间看上去更加通透、大气。

❶ 这是一款艺术展馆展览区域的空间设计。

❷ 空间以三色堇紫为主色，高纯度的色彩为空间营造出醇厚、浓郁的视觉效果，并采用渐变色彩表现手法将沉重的氛围淡化。

❸ 渐变的色彩搭配不同高度的展示台，将受众的视线集中在空间的中心位置，并形成了立体的空间感。

3.7.7　锦葵紫 & 淡紫丁香

❶ 这是一款餐厅就餐区域的空间设计。

❷ 将墙面的背景颜色设置为渐变的锦葵紫，从平淡到浓郁，从纯净到浪漫，营造出温馨而又优雅的就餐氛围。并采用黄色的灯光使空间更加浪漫、亲切。

❸ 空间中座椅和沙发的颜色相互呼应，随意放置的座椅为空间营造出舒适、轻松的空间氛围。

❶ 这是一款酒店内盥洗室的空间设计。

❷ 将玻璃门设置为淡紫丁香色，低饱和度的色彩营造出柔和淡雅、温和浪漫的空间氛围，搭配实木色的家具将清淡的氛围进行沉淀，使空间显得平稳、优雅。

❸ 地面上的毛绒地毯舒适随意，为空间营造出温暖而又惬意的视觉效果。

3.7.8 　浅灰紫 & 江户紫

❶ 这是一款办公住宅内既能够当作会议室，又能够当作餐厅的室内空间。

❷ 空间以浅灰紫为主色，搭配金色系的哑光金属，营造出低调奢华的空间氛围。

❸ 哑光金属色彩从空间上方延伸到天花板处，搭配墙壁边缘柔和的曲面结构赋予空间感性、温和的氛围。

❶ 这是一款酒吧内相对安静的室内交谈空间。

❷ 空间以江户紫为主色调，搭配黄色，营造出热情且充满活力的室内空间氛围。

❸ 空间采用各色的瓷砖混合搭配而成，并在多处采用主色作为装饰性元素，原始和现代元素的碰撞打造出舒适的休闲空间。

3.7.9 　蝴蝶花紫 & 蔷薇紫

❶ 这是一款餐厅室外就餐区域的空间设计。

❷ 以蝴蝶花紫色为主色，低明度高饱和度的色彩为空间营造出浪漫、温馨的氛围，搭配植物的绿色，使空间整体氛围浓郁而不失清新。

❸ 地面的左右两侧各不相同，通过细腻的模块化对比增强了空间的视觉冲击力。

❶ 这是一款酒店内餐厅区域的空间设计。

❷ 空间将近处的座椅设置为蔷薇紫色，与浅实木色的地板和深实木色的桌椅搭配，营造出温馨且淡雅的空间氛围。

❸ 空间通过大量重复使用的玻璃元素营造出通透、宽敞的视觉效果。

3.8 黑白灰

3.8.1 认识黑白灰

黑色：黑色是与白色相对的一种色彩，在商业空间设计的过程当中，黑色通常会被当作底色对其他颜色进行衬托，或对过于鲜亮的色彩进行中和，使空间的氛围更加沉稳、舒适。

色彩情感：神秘、严肃、庄重、死亡、悲伤、警告、力量、梦幻、保守、后退、收缩。

白色：白色是通常被认定为无色的一种色彩，纯净而又柔和，在商业空间设计的过程当中，白色既能够作为空间的底色或主色，也能够用来调节空间气氛和亮度，是一种常见且实用的色彩。

色彩情感：平淡、纯净、优雅、朴素、感觉、畅快、单纯、清新、纯朴、恬静、雅致。

灰色：无彩色系的灰色大致可以分为深灰色和浅灰色。这种色彩暗淡却不单调，在商业空间设计的过程当中，灰色通常情况下常用来衬托其他色彩。

色彩情感：浑浊、柔和、迷茫、顽固、低调、朦胧、内敛、包容、压抑、沮丧。

白 RGB=255,255,255 CMYK=0,0,0,0	月光白 RGB=253,253,239 CMYK=2,1,9,0	雪白 RGB=233,241,246 CMYK=11,4,3,0	象牙白 RGB=255,251,240 CMYK=1,3,8,0
10% 亮灰 RGB=230,230,230 CMYK=12,9,9,0	50% 灰 RGB=102,102,102 CMYK=67,59,56,6	80% 炭灰 RGB=51,51,51 CMYK=79,74,71,45	黑 RGB=0,0,0 CMYK=93,88,89,88

3.8.2　白 & 月光白

❶ 这是一款以"白色功能盒体"为主题的室内空间设计。

❷ 空间采用纯净的白色，简约而清爽，与深实木色搭配，形成鲜明的对比，营造出稳重、温暖的视觉感受。

❸ 设计师在空间内设计了一个巨大的白色盒体，开阔、通风，功能性极强，造型简约，极具设计感。

❶ 这是一款来自马来西亚的以"纯白的梦幻"为主题的空间设计。

❷ 月光白在白色中增添了一丝黄色，纯净而又柔和。

❸ 该创意模糊了人造美景和自然美景的界限，拱形的通道、一系列装饰性结构营造出垂挂的"葡萄藤"效果和精致的玻璃珠等元素，打造出神秘、梦幻的视觉空间。

3.8.3　雪白 & 象牙白

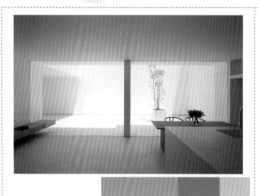

❶ 这是一款住宅内起居室和庭院的空间设计。

❷ 庭院外以雪白色为主色，雪白色在白色中加了一抹青色，明净、高雅。

❸ 空间以"洞穴"为设计主题，在空间中设有实木桌子和鲜花绿植，营造出自然、优雅的空间氛围。

❶ 这是一款酒店房间内客厅的空间设计。

❷ 象牙白是一种柔和、温暖、亲切、舒服的颜色，与深实木色和绿植搭配在一起，营造出自然、温馨的视觉氛围。

❸ 多扇窗户的设计使室内光线充足，曲线的设计增强了空间的流畅性。

3.8.4　10% 亮灰 & 50% 灰

① 这是一款零售店内登山体验区的室内空间设计。

② 空间采用 10% 亮灰色，明度较高，独特的材质搭配灯光的照射，营造出炫酷且具有科技感的空间氛围。

③ 在空间中设有登山者体验区，紧扣主题，并能够增强消费者的体验感受。

① 这是一款住宅内楼梯转角处的空间设计。

② 以 50% 灰为主色，营造出稳重、低调、内敛的空间氛围。

③ 纯粹的色彩与强烈的直线肌理搭配极简的扶手栏杆和照明灯，营造出高雅温馨的室内环境。

3.8.5　80% 炭灰 & 黑

① 这是一款商业建筑接待台的空间设计。

② 80% 炭灰是一种沉稳而厚重的色彩，颜色偏深，在空间中能够将整体的氛围进行沉淀。

③ 在左右两侧设有艺术感强烈的花纹进行装饰，高端大气。

① 这是一款行李寄存处的室内空间设计。

② 空间将甜美浪漫的粉色和沉稳低调的黑色组合在一起，温和而又稳重。

③ 前台处采用黑白相间的格子纹路，营造出较为单一的空间效果。

第4章 商业空间的类型与色彩

随着社会的逐渐发展，生活中的商业活动也随之增加，因此商业空间设计已经逐渐走进人们的视野，在设计商业空间的过程中，不同区域或者不同功能的空间要采用不同的设计手法和装饰元素，来塑造空间的风格和氛围。其中，色彩是用来渲染空间氛围的重要元素之一，它有着先声夺人的作用，恰当的色彩搭配能够有效地传达出空间想要传达给受众的视觉情感。

4.1 大堂

大堂设计在商业空间设计当中有着至关重要的作用，是商业空间接待来宾的第一入口，具有休息、会客、接待、登记等功能，大堂设计是整个商业空间风格的浓缩与精华，好的大堂设计能够帮助空间给来往的宾客留下良好的第一印象。

特点：

◆ 家具的选择注重安心、舒适。

◆ 多采用温暖、热情的色调。

◆ 灯光种类繁多。

4.1.1 商业空间的大堂设计

设计理念：这是一款酒店大堂的空间设计。采用柔和的灯光和温暖的配色打造令人舒适、惬意的空间氛围。

色彩点评：空间色彩柔和稳重，配以热情的红色和生机勃勃的绿色，营造出亲切且富有春意的空间氛围，同时，通过对比色的呈现，增强空间的视觉冲击力。

🌿 将一面墙设置成垂直绿化空间，通过自然光的照射，为空间营造出自然且富有生机的空间氛围。

🌿 在大堂的中央处铺设红色的地毯，并设有供人们休息、等候、洽谈的区域，营造舒适且热情的空间氛围。

🌿 在休息区域的上方设有倒立茶杯样式的灯具，简约而富有创意，为空间增添了设计感。

RGB=200,178,133 CMYK=27,31,51,0
RGB=124,162,69 CMYK=59,25,87,0
RGB=26,22,27 CMYK=85,85,76,66
RGB=83,72,110 CMYK=78,79,42,5

这是一款酒店大堂的空间设计，地面地毯上斑驳的图案犹如太阳光透过树叶形成的光斑，天花板上微弱的灯光与蜡烛的烛光形成呼应，营造出温馨而浪漫的空间氛围，在远处搭配绿植和绿色的抱枕，为平和的空间添加一丝生机与活力。

RGB=137,116,99 CMYK=54,56,51,2
RGB=243,232,222 CMYK=6,11,13,0
RGB=74,85,41 CMYK=74,58,99,27
RGB=151,129,37 CMYK=50,50,100,2

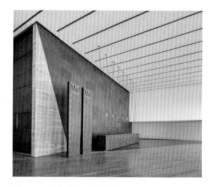

这是一款办公楼大堂的空间设计。空间以简约的图形元素和线条塑造而成，由沉稳的色彩拼接而成的色块打造低调、商务、简约的空间氛围，具有说明性的展示牌在空间中起到解释说明的引导作用，功能性极强。

RGB=125,125,125 CMYK=59,50,47,0
RGB=227,226,224 CMYK=13,11,11,0
RGB=172,129,98 CMYK=40,54,62,0
RGB=189,188,186 CMYK=30,24,24,0

4.1.2 商业空间大堂的设计技巧——层次丰富的天花板

大堂设计是商业空间设计的点睛之笔，层次感丰富的大堂空间设计能够为空间营造出华丽、大气的氛围，奠定空间的感情基调。

这是一款商务办公楼大堂的空间设计。天花板以有机折叠的钻石表面作为主体，同时，被折叠的表面能够将室内的灯光进行反射，营造出高雅、华丽的空间氛围。

这是一款酒店大堂的空间设计。天花板通过简单的几何图形进行错落排序，为空间营造出层次感，为平和的空间增添设计感。

配色方案

双色配色

三色配色

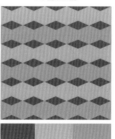

四色配色

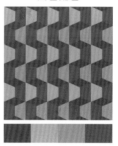

佳作欣赏

4.2 商业空间的接待区设计

商业空间设计中的接待区域所面对的受众是所有来访的人群，首先接待区的设计风格要与整个商业空间的风格保持一致，其次，为了给人们心中留下良好的第一印象，接待区域必须要保持卫生整洁，干净清爽，最后需要注意的是，接待区域处通常会展示出商业空间的标志，与空间的主题相互呼应。

特点：

◆ 多使用绿植进行点缀。

◆ 背景多数引用企业标志。

◆ 灯光柔和，氛围亲切。

4.2.1 商业空间的接待区设计

设计理念：这是一款酒店内客房接待区的空间设计。空间力求打造具有轻奢复古风的空间氛围，通过经典时代的视觉元素打造优雅、温馨的接待区域空间。

色彩点评：空间采用低饱和度的蓝色和红色相搭配，沉稳内敛，配以金属色镶边，使整个空间充满华丽、复古的气息。

🔹 地面上的瓷砖纹路高雅且充满了艺术气息，稳固了空间的复古氛围。

🔹 在吧台处的左右两侧放置黄铜材质的台灯，柔和的灯光搭配精致的大理石台面，打造奢华、舒适低调的空间氛围。

- RGB=133,73,45 CMYK=51,76,90,19
- RGB=68,94,106 CMYK=80,62,53,8
- RGB=120,7,19 CMYK=51,100,100,32
- RGB=254,250,231 CMYK=2,3,13,0

这是一款酒店接待区域的空间设计。空间以格子图案为主要设计元素，使空间的层次立体而丰富，在展示架上摆放丰富多彩的饰品摆件，将空间进行点缀。红色的加入点亮了空间，打造热情、亲切的空间氛围。

- RGB=6,16,28 CMYK=96,90,74,66
- RGB=237,242,245 CMYK=9,4,4,0
- RGB=92,74,49 CMYK=65,67,85,30
- RGB=186,51,13 CMYK=34,92,100,1

这是一款学生公寓接待区域的空间设计，空间通过大胆的配色营造出浓厚的地中海风情，对比强烈，个性鲜明，视觉冲击力强。

- RGB=222,227,217 CMYK=16,9,16,0
- RGB=219,190,24 CMYK=22,26,91,0
- RGB=50,100,10 CMYK=82,50,100,17
- RGB=4,64,155 CMYK=95,82,9,0

4.2.2 商业空间接待区的设计技巧——亮丽的色彩将空间点亮

在商业空间的接待区域，可以通过一抹亮丽的色彩将空间的整体氛围点亮，以此来避免一味平和的色彩营造出太过低调沉稳的空间氛围。

这是一款办公室接待区域的空间设计，将吧台的角落处设置为鲜亮的橘黄色，与周围的黑色形成鲜明的对比，活跃空间氛围。

这是一款机场候机室询问处的空间设计，以黑白灰作为空间的底色，平和而内敛，将吧台处设置为轻快且充满希望的黄色，在视觉上缓解人们等候的焦虑感。

配色方案

双色配色

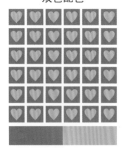

三色配色

四色配色

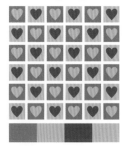

佳作欣赏

4.3 办公区

办公区是专门为办公人员打造的舒适、方便、高效的日常办公环境，可分为公共办公区和私人办公区域，在设计的过程当中需要注意科学、技术、人文、艺术等设计因素，以便更大限度地提高工作人员的办公效率。

特点：

◆ 温馨和谐，整洁有序。

◆ 具有浓厚的企业氛围。

◆ 多以简约风格为主。

4.3.1　商业空间的办公区设计

设计理念：这是一款办公室内办公区域的空间设计，以"封闭与开放限定的空间结构"为设计主题，通过封闭的限定框架和开放的办公环境与主题相互呼应。

色彩点评：空间以深实木色为主色，整体风格沉稳而内敛，搭配深灰色和黑色，营造出稳重、安定的空间氛围。

1️⃣ 通过简约而干练的设计元素，打造极简风格的办公空间。

2️⃣ 空间采用裸露的混凝土墙面和天花板，通过丰富的粗加工材料纹理形成空间特征，简单、粗野。

3️⃣ 在办公桌四周的框架下方分别设有白色的灯带，能够点亮空间，同时又没有过多的装饰，打造极简主义的空间。

RGB=196,150,119　CMYK=29,46,53,0
RGB=127,100,82　CMYK=57,62,68,9
RGB=15,15,16　CMYK=88,84,82,72
RGB=243,244,244　CMYK=6,4,4,0

这是一款私人的办公空间设计，空间氛围简约而清新，以白色为主，在背景墙面上加以鲜亮的黄色作为点缀，通过柔和的圆形元素对空间进行装饰，打造时尚、前卫的办公空间。

RGB=238, 239,245　CMYK=8,6,2,0
RGB=185,200,201　CMYK=33,17,20,0
RGB=221,185,148　CMYK=17,32,43,0
RGB=245,238,149　CMYK=9,5,51,0

这是一款工作室办公区域的空间设计，空间的背景丰富有趣，故事性强，左侧的墙壁以红色和蓝色组合而成，配色丰富，视觉冲击力强。

RGB=155,132,103　CMYK=47,50,61,0
RGB=179,184,187　CMYK=35,25,23,0
RGB=149,50,45　CMYK=45,91,90,14
RGB=20,62,114　CMYK=95,85,38,3

4.3.2 商业空间办公区的设计技巧——将自然景物融入室内

办公区域是人们工作与学习的重要空间，为了使办公环境更加轻松舒适，我们可以在空间中适当的地方添加绿色植物，在装扮空间的同时还能够缓解办公人员的视觉疲劳，一举两得。

这是一款办公室内公共办公区域的空间设计，工作位的排列整齐有序，使用草绿色的背景板对简约的空间进行装饰，营造出清新、舒适的办公氛围，在空间的每一排都设有绿色的植物进行点缀，能够舒缓空间的氛围。

这是一款办公室办公区域的空间设计，裸露的管道、混凝土墙面、深灰色的瓷砖和桌面打造出厚重、沉稳的办公氛围，再配以绿色的植物作为点缀，为平淡的办公空间增添了无限的生机与活力。

配色方案

双色配色

三色配色

四色配色

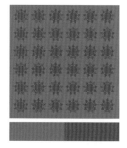
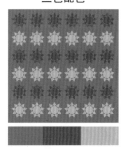

佳作欣赏

4.4 会议室

商业空间中的会议室是指工作人员商议事务时所用到的空间，有的会议室包括主席台、发言区和听众区，有的则不作明确的区分。

特点：

◆ 多使用人工冷光源，避免自然光。

◆ 注重空间的通风效果。

◆ 形式多变，类型多种多样。

4.4.1 商业空间的会议室设计

设计理念：这是一款学生酒店内的会议室设计，该酒店主要以娱乐为主，因此在设计会议室的过程当中摆脱了沉稳、商务的空间氛围。

色彩点评：空间以青色为主色，清脆而不张扬，搭配平淡的浅灰色，打造时尚且富有动感的空间氛围。

🔵 空间以典型的"剧院式"进行设计，观众座席前不设有桌子，打破隔阂，更加方便人与人之间的沟通与交流。

🔵 天花板上的吊灯以交叉的形式进行呈现，烘托出空间活跃、热情的氛围。

	RGB=73,166,171 CMYK=70,20,36,0
	RGB=212,208,205 CMYK=20,17,17,0
	RGB=35,37,37 CMYK=83,77,76,57
	RGB=180,176,152 CMYK=36,29,41,0

这是一款商业会议室的空间设计，空间以红色为主色调，搭配厚重、沉稳的深灰色，通过平行摆放的灯具散发出的微弱灯光的照射，营造出热情且不失稳重的空间氛围。

■	RGB=227,82,69 CMYK=5,4,4,0
■	RGB=83,79,78 CMYK=72,67,64,21
■	RGB=174,165,156 CMYK=38,34,36,0
■	RGB=221,221,217 CMYK=16,12,14,0

这是一款办公会议室的空间设计，通过简约的框架和不加修饰的天花板，与"工业风"的设计理念相呼应，在门口处采用大面积的玻璃门，使会议室与大厅相互渗透，和谐统一。

■	RGB=218,217,222 CMYK=17,14,10,0
■	RGB=76,92,131 CMYK=79,67,36,1
■	RGB=109,107,103 CMYK=65,57,57,5
■	RGB=116,127,92 CMYK=63,47,70,2

4.4.2 商业空间会议室的设计技巧——丰富的色彩打造活跃的氛围

商业空间的会议室多以商务、稳重的风格为主，我们在设计的过程当中可以突破常规，通过丰富、灵动的色彩活跃空间氛围。

这是一款会议室的空间设计，空间以"淡雅与明媚并置"为设计理念，通过地面丰富且明亮的色块拼接与主题相互呼应，营造出热情、活跃的空间氛围。

这是一款办公会议室的空间设计，空间以鲜亮的黄色为主色，大面积的黄色为空间带来活跃而轻快的氛围，同时将房间中的座椅设置成黑色，可以将刺眼的色彩进行中和。

配色方案

双色配色

三色配色

四色配色

佳作欣赏

4.5 洽谈区

　　办公室内的洽谈区是为公司人员和来访客户提供的洽谈业务的场所，通常情况下，为了促成洽谈的结果，洽谈区域的设计要求不能过于呆板，除了提升美观度以外，还要提升区域的舒适度。

　　特点：

◆ 注重空间的私密性。

◆ 多采用高档的装修材料。

◆ 增加令人心情舒畅的布置。

4.5.1 商业空间的洽谈区设计

设计理念： 这是一款办公室内洽谈区域的空间设计，空间以稳重、踏实为主要设计风格，营造出低调、沉稳的洽谈室环境。

色彩点评： 空间色彩搭配的整体风格低调而内敛，以深巧克力色为主色，色泽浓郁，营造出舒适、稳重的空间氛围。

这是一款酒店内洽谈区域的空间设计，空间以工业风为主要设计风格，通过裸露的砖墙和混凝土材质的圆形展示架与空间的主要风格相互呼应，暖色系的灯光搭配丝绒材质的沙发营造出舒适、温馨的空间氛围。

- RGB=58,74,100 CMYK=85,74,50,12
- RGB=254,72,58 CMYK=0,84,72,0
- RGB=13,12,18 CMYK=90,87,80,72
- RGB=60,104,154 CMYK=81,59,25,0

(1) 真皮沙发与低矮的茶几相搭配，为交谈的双方建立安全感与信任感。

(2) 空间的设计元素简约而稳重，沙发上简单的纹理与墙面背景的纹路将空间进行简单的点缀，营造出和谐而统一的室内氛围。

(3) 在棚顶处设有两组简约的小射灯，分别照亮左右两侧的座位，低调而不夺目，既能照亮空间，又并不吸引人们的视线，有助于人们将注意力集中在所洽谈的事务上。

- RGB=95,82,74 CMYK=67,66,68,21
- RGB=167,151,135 CMYK=41,41,45,0
- RGB=117,107,97 CMYK=62,58,60,5
- RGB=40,25,18 CMYK=75,81,89,6

这是一款图书馆内交流、洽谈区域的空间设计，将色彩缤纷的圆形长椅以不同的方式进行排列，隔音墙和玻璃墙面上都挂有彩色的绳子，营造出活跃、热情的空间氛围。

- RGB=249,204,157 CMYK=3,27,36,0
- RGB=246,76,55 CMYK=2,83,75,0
- RGB=38,24,18 CMYK=76,82,87,67
- RGB=253,253,253 CMYK=1,1,1,0

　　商业空间洽谈区的设计往往比较注重空间的私密性，以降低拜访者的戒备之心，在设计洽谈区的过程当中，应做好隔断设计，或者单独开辟一个区域作为专门的洽谈区，与其他的工作区域保持距离，让交流的双方更能畅所欲言。

　　这是一款办公室洽谈区域的空间设计，半封闭的洽谈空间以电话亭式的座椅讨论区进行呈现，私密性极佳，通过不同的颜色将空间进行区分，提高每个空间的识别度。

　　这是一款室内洽谈区的空间设计，将洽谈区设置在一个单独的房间中，保证了洽谈区域的私密性，并采用稳重而低调的色彩，创造出极具安全感的空间氛围。

配色方案

双色配色　　　　　三色配色　　　　　四色配色

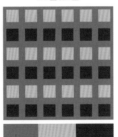

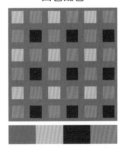

佳作欣赏

4.6 娱乐区

伴随着娱乐体验的兴起，娱乐空间已经成为丰富城市的多元化发展元素之一，在设计的过程当中，要根据娱乐场所的属性来选择材料和设计元素，通过风格的展现和元素的搭配，使空间的效果趋近于完美，将娱乐空间与艺术紧密地联系起来。

特点：

◆ 注重气氛的表达与传输。

◆ 注重内部空间的划分。

◆ 娱乐形式决定空间形态和装饰手法。

4.6.1 商业空间的娱乐区设计

设计理念：这是一款儿童影院内娱乐区域的空间设计，以"双重乐趣"为设计理念，在影院内设有儿童的娱乐区域，让孩子们体会到娱乐和观赏的双重乐趣，与主题相互呼应。

色彩点评：将红色、蓝色、绿色和黄色搭配在一起，低饱和度的配色方案为空间营造出丰富且柔和的氛围。

🌐 在地面、墙壁和天花板上，无论是娱乐设备还是彩色色块，都以曲线线条的方式进行呈现，渲染空间活泼、热情的氛围。

🌐 天花板上不规则的灯光加深空间生动、有趣的空间氛围。

- RGB=95,130,206 CMYK=69,47,0,0
- RGB=147,164,107 CMYK=50,29,66,0
- RGB=185,92,65 CMYK=35,75,77,1
- RGB=217,205,31 CMYK=24,17,89,0

这是一款酒店内娱乐区域泳池的空间设计，黑色马赛克天花板与熔岩石灰色的木地板相互呼应，营造出亲密且时尚的空间氛围，在游泳区的对面设有两个相对独立的休息区，既保证了空间的开阔性，又保护了客人隐私性，一举两得。

- RGB=105,172,209 CMYK=61,23,13,0
- RGB=31,27,18 CMYK=81,78,89,67
- RGB=105,172,209 CMYK=61,23,14,0
- RGB=130,77,7 CMYK=52,73,100,20

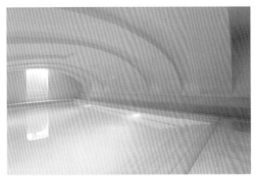

这是一款酒店内泳池的空间设计，在泳池的上方保持着中世纪的原始拱顶，并将清凉的蓝色和纯净的白色搭配在一起，为空间营造出明净、凉爽的氛围。

- RGB=144,208,244 CMYK=46,7,3,0
- RGB=106,125,135 CMYK=66,48,42,0
- RGB=255,255,255 CMYK=0,0,0,0

4.6.2 商业空间娱乐区的设计技巧——丰富的色彩打造欢快的空间氛围

　　色彩有着先声夺人的作用，在设计商业空间中的娱乐区域时，可以通过丰富的色彩为空间营造出热情且充满活力的空间氛围。

这是一款水上娱乐场所的空间设计，设备种类丰富多样，通过不同的色彩将其进行区分，营造出活跃、生动、积极、热情的空间氛围。

这是一款儿童沙滩娱乐区域的空间设计，通过彩色的座椅将沙滩区域与外界相隔开来，由线条组合而成的天花板造型独特，设计感强，并拥有强烈的空间感与层次感，整体风格活跃而轻快。

配色方案

双色配色

三色配色

四色配色

佳作欣赏

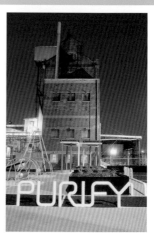

4.7 餐饮区

随着人们生活品质的逐渐提高，顾客对于餐饮方面的要求不再局限于食物的口味，同时还要追求个性、精致的空间装修风格，在就餐的同时享受舒适、愉悦的就餐氛围。通常情况下，就餐区域会以暖色调的配色为主，在营造出温馨的就餐氛围的同时还可以起到增进消费者食欲的作用。

特点：

◆ 装修的风格应与食品的档次匹配。

◆ 空间格局简约且模块化。

◆ 色彩平稳而安详。

4.7.1 商业空间的餐饮区设计

色彩点评：空间的色彩稳重大气，玫瑰铜色搭配乳白色的简约纹理大理石，营造出优雅、高端的空间效果。

① 高挑的天花板使空间的整体效果更加高挑开阔，尽显大气。

② 偌大的落地窗能够将远方的景色和整座城市的风光尽收眼底。

③ 在窗边设有金属网帘，搭配微弱的浪漫灯光，为空间营造出柔和、温馨的就餐氛围。

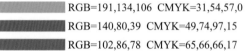

RGB=191,134,106 CMYK=31,54,57,0
RGB=140,80,39 CMYK=49,74,97,15
RGB=102,86,78 CMYK=65,66,66,17
RGB=246,221,183 CMYK=5,17,31,0

设计理念：这是一款酒店就餐区域的空间设计，空间以轻奢、高雅为设计理念，通过优雅而高端的设计元素将意式的清新气息和温柔典雅的氛围融合在一起。

这是一款酒店就餐区域的空间设计，通过绿色的植物和多彩的色块营造出自然、活跃的空间氛围，将桌面的边缘处设置为橘红色的线条，是整个空间的画龙点睛之笔。

■ RGB=112,81,69 CMYK=60,69,71,19
■ RGB=208,155,124 CMYK=23,46,50,0
■ RGB=80,98,13 CMYK=74,54,100,18
■ RGB=190,57,18 CMYK=33,90,100,1

这是一款餐厅就餐区域的空间设计，通过绿色的植物将空间的背景进行装饰，搭配实木材质的桌子和天花板，空间取材于大自然，营造出自然、舒心的空间氛围。

■ RGB=151,103,71 CMYK=48,64,76,5
■ RGB=77,79,31 CMYK=72,61,100,31
■ RGB=38,35,31 CMYK=80,77,80,60
▨ RGB=224,214,163 CMYK=7,20,40,0

4.7.2 商业空间餐饮区的设计技巧——利用白色营造高雅的就餐环境

通常情况下，餐饮区域的设计会采用暖色调的配色进行装饰，在营造出温馨的就餐氛围的同时还可以起到增进消费者食欲的作用，但如果能够打破常规的设计手段，将空间的主色设置成为白色，不仅可以营造出纯净、高雅的空间氛围，还能够通过新奇的设计手法吸引到更多顾客。

这是一款餐厅就餐区域的空间设计，以"冷静、简约、适宜的美"为设计理念，通过纯净的配色和装饰营造出舒适、优雅的空间氛围，将餐桌布、布幔和窗帘均设置为白色，打造高雅的就餐环境。

这是一款餐饮区的空间设计，就餐区域采用橄榄色的长椅和白色的餐桌，营造柔和、纯净的就餐氛围，搭配空间上方白色的简约灯光和大型的壁画式花卉图案天花板，为空间增添一丝浪漫的气息，打造出充满女性色彩的浪漫餐厅。

配色方案

双色配色	三色配色	四色配色
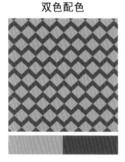		

佳作欣赏

4.8 商品展示区

商业空间的展示区域要以突出展示产品为主要设计目的，可以通过灯光、色彩、展示方式和陈列载体来将其进行突出，打造合理且美观的商品展示区域。

特点：

◆ 着重突出产品。

◆ 空间的设计风格与产品的风格相统一。

◆ 流线清晰、规划合理，设计最佳有效路径。

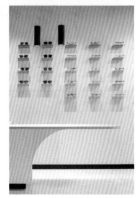

设计理念：这是一款餐厅内葡萄酒展示区域的空间设计，空间通过产品独特的

摆放形式吸引受众的眼光。

色彩点评：以纯净的白色作为展示架的主色，并没有加入任何颜色进行点缀，低调的配色方案能够将人们的目光全都集中在产品身上，具有良好的衬托作用。

🔘 该空间打破常规的展示方式，通过横向和纵向的商品陈列方式为该空间创造出强烈的层次感与空间感。

🔘 展示架形式独特，通过层层叠加的形式进行呈现，加深了视觉上的纵深感。

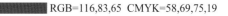

RGB=116,83,65 CMYK=58,69,75,19

RGB=212,189,166 CMYK=21,28,34,0

RGB=137,118,91 CMYK=54,54,67,3

RGB=141,100,78 CMYK=51,64,71,7

这是一款服装店商品展示区域的空间设计，空间以弧形立面的形式进行呈现，并将黑钢板与胡桃木元素融合在一起，使两种截然不同的材料在空间中相互碰撞并相互融合。

RGB=143,85,46 CMYK=49,72,91,13

RGB=226,217,209 CMYK=14,15,17,0

RGB=210,150,127 CMYK=22,49,47,0

RGB=11,8,6 CMYK=89,85,87,76

这是一款服装店商品展示区域的空间设计，轻质的展示结构，由与室同高的钢缆进行支撑，搭配银色的反光材质，将室内的灯光进行反射，营造出富有科技感和时尚感的空间氛围。

RGB=100,100,98 CMYK=68,60,58,8

RGB=173,173,175 CMYK=37,30,27,0

RGB=54,54,54 CMYK=79,73,71,43

4.8.2 商业空间商品展示区的设计技巧——独特的展示方式

商业空间中的商品展示区域，可以通过独特的展示方式将商品呈现在受众眼前，以达到快速吸引受众目光，引起受众好奇心的作用，从而引导受众前来观看，增加商品的销量。

这是一款零售店内的商品展示区域设计，空间采用内嵌形式的展示架将商品进行呈现，并设有木质边框镶边，搭配黄色系的小射灯和吊灯进行点缀，营造出精致且安稳的空间氛围。

这是一款服装店商品展示区域的空间设计，将产品以透明展示柜的形式进行单独呈现，大面积的展示区域能够将重点商品进行重点展示，与其他商品形成鲜明的对比，使其成为空间中最为抢眼的商品。

配色方案

双色配色

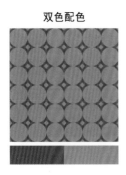

三色配色

四色配色

佳作欣赏

4.9 走廊

商业空间的走廊设计也包含很多的学问，在设计的过程中，并不是一味地将开放空间设计成供人们行走的路线，而是要作为商业空间的一部分，充分地将空间进行利用，彰显或突出企业的形象。

特点：

◆ 与周围的环境相融合。

◆ 避免距离过长的走廊喧宾夺主。

◆ 视觉开阔。

4.9.1　商业空间的走廊设计

设计理念：这是一款酒店内走廊的空间设计，空间的左右两侧将粗糙与精致相

结合，通过不同的视觉效果在空间中的相互碰撞，打造个性、前卫的室内氛围。

色彩点评：空间大面积采用土著黄，低纯度的颜色搭配深灰色，营造出低调而内敛的空间氛围。

🔵1 空间的左侧通过裸露的砖墙与工业风格的天花板相呼应，打造原始、自由的空间效果。

🔵2 空间的右侧线条流畅，墙壁表面光滑且精致，与左侧形成鲜明的对比，营造空间的视觉冲击力。

🔵3 天花板上的圆形装饰元素与地面上的圆形纹理相呼应。

RGB=133,116,46　CMYK=56,54,98,6
RGB=157,152,27　CMYK=48,37,100,0
RGB=92,90,73　CMYK=69,61,71,18
RGB=163,172,151　CMYK=42,28,42,0

这是一款办公大楼内走廊处的空间设计，走廊的左右两侧采用玻璃作为护栏，在不遮挡视线的同时还能起到保护作用，使空间的视线更加开阔。

RGB=178,191,189　CMYK=36,20,25,0
RGB=99,118,130　CMYK=69,52,44,0
RGB=191,155,65　CMYK=33,42,82,0

这是一款图书馆内走廊处的空间设计，封闭的走廊在天花板和左右两侧均采用玻璃材质，搭配倾斜的框架，打造开阔、前卫的空间氛围。

RGB=144,152,151　CMYK=50,37,37,0
RGB=221,220,216　CMYK=16,13,14,0
RGB=106,102,93　CMYK=65,59,62,8

4.9.2 商业空间走廊的设计技巧——图形与线条的应用

在商业空间中，不同类型的图形元素的加入，能够烘托出不同的氛围，例如，中规中矩的矩形元素使空间整体更加规整、平稳，而不规则的多边形在空间中展现则能够营造出灵活且生动的氛围。

这是一款多层公寓内走廊处的空间设计，将楼梯设置成为不规则的黑色多边形，营造出欢快、活跃的空间氛围，为狭小的空间创造出无限的生机与活力。

这是一款公寓内走廊处的空间设计，天花板上凸出的装饰元素与地面上的座椅相互呼应，采用中规中矩的矩形元素进行装饰，具有和谐而均称的美感。地面上的纹路虽然也采用矩形元素进行装饰，但是却能够通过不同的排列方式活跃空间氛围。

配色方案

双色配色

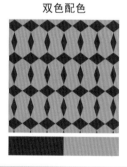

三色配色

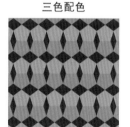

四色配色

佳作欣赏

4.10 室外

商业空间设计不仅仅只有室内的装饰与设计，有时还会涉及室外，在设计室外的商业空间时，由于受到空间自身条件的制约，在注意整体氛围渲染的同时，还要尽量满足休息和驻足的要求，进而抓住人们驻足停留的机会，吸引更多的消费人群，增进人气。

特点：

◆ 十足的趣味性吸引受众。

◆ 商业空间与城市空间的界面明确。

◆ 视野开阔大气。

4.10.1 商业空间的室外设计

设计理念：这是一款商业广场内室外餐厅的空间设计，将热带植物与硬朗的景观融合在一起，打造出多元化的商业空间。

色彩点评：空间以暖色调为主，沙发采用粉色，温馨浪漫，与线条元素相呼应。

🌀 棚顶系统以曲线线条的形式呈现，不仅具有十足的设计感，还可以保护游客免受恶劣天气的影响。

🌀 空间通过低矮的家具消除人与人之间的距离感，营造出亲切、自然的就餐氛围。

🌀 阳光从天花板的空隙之中自然洒落，搭配布艺沙发和绿色植物，打造出温馨舒适的就餐环境。

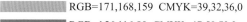

RGB=171,168,159 CMYK=39,32,36,0
RGB=156,116,80 CMYK=47,59,72,2
RGB=95,105,78 CMYK=69,54,74,11
RGB=190,203,022 CMYK=31,16,20,0

这是一款室外泳池的空间设计，从整体上来看，泳池采用弧形的设计方式，通过曲线的呈现为空间营造出轻松、随意的氛围。并在周围配以绿色的植物和折叠式躺椅，营造出自然、轻松的休闲氛围，让人们拥有更加舒适惬意的放松体验。

RGB=197,194,193 CMYK=27,22,21,0
RGB=111,176,200 CMYK=60,20,20,0
RGB=76,80,47 CMYK=72,61,91,29
RGB=203,223,245 CMYK=24,9,1,0

这是一款主题酒店室外就餐休闲域的空间设计，空间整体通过塑造不同的纹理、光影、色彩，打造出奢华、现代、经典、优雅的空间氛围。

RGB=238,2330,220 CMYK=9,11,14,0
RGB=115,116,108 CMYK=63,53,56,2
RGB=130,139,147 CMYK=56,43,37,0
RGB=122,134,60 CMYK=61,43,92,1

4.10.2 商业空间室外的设计技巧——取材于自然，使人身心舒畅

室外的商业空间可以将自然元素融入设计之中，通过取材于自然的元素渲染空间清新且舒适惬意的氛围。

这是一款商业广场内室外休息区域的空间设计，用绿色的植物将整个空间包围起来，在每个植物群落设置了广泛的物种，强调原生态的生活环境，打造人们难得一见的自然生态系统。

这是一款酒店室外就餐区域的空间设计，空间取材于自然，通过竹藤座椅、木质隔板和绿色的植物与裸露的砖墙融合在一起，打造历史感与现代感并存的室外空间。

配色方案

双色配色	三色配色	四色配色
	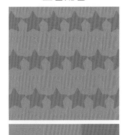	

佳作欣赏

第5章 商业空间设计的风格分类

商业空间设计风格主要可分为中式风格、简约风格、欧式风格、美式风格、地中海风格、新古典风格、东南亚风格、田园风格、混搭风格等。不同风格的设计都有着特殊的设计元素和搭配技巧。例如：

◆ 中式风格是一种以宫廷建筑为代表的中国古典建筑设计艺术风格，气势恢宏、优雅庄重。

◆ 简约风格起源于现代派的极简主义。以简洁的表现形式来满足人们对空间环境的追求。强调功能设计，线条简约。

◆ 欧式风格，是一种来自欧罗巴洲的风格，多引用在别墅、会所和酒店，用欧式风格的设计来体现华丽、高贵的氛围。

◆ 美式风格设计给人一种简约却不简单的视觉效果，色彩单一，空间明亮。

◆ 地中海风格色彩丰富，且在设计中能够找到些许民族气息。

◆ 新古典风格的特点是精练、简朴、雅致，摒弃了过于复杂的装饰，简化了线条。

◆ 东南亚风格是一种稳重且接近自然的设计风格，温馨舒适。

◆ 田园风格的最大特点在于朴实亲切，贴近自然，向往自然。

◆ 混搭风格虽注重混搭，但风格统一，美观且时尚。

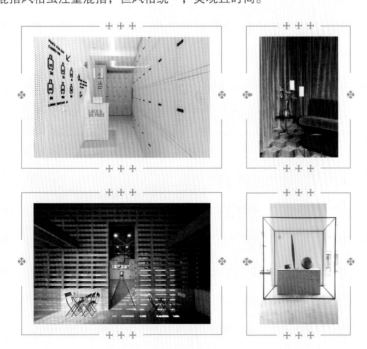

5.1 中式风格空间设计

中式风格空间设计的装饰材料以木材为主，并配有精雕细琢的龙、凤、龟等图案，简约朴素，格调雅致，具有丰富的文化内涵，并与民族文化相互贯通，相互体现，密不可分。在结构设计中讲究四平八稳，遵循均衡对称的原则。

特点：

◆ 具有庄重和优雅双重气质。

◆ 空间层次感强烈。

◆ 色彩浓烈而深沉。

◆ 空间设计左右对称，格调高雅，造型简朴而优美。

◆ 多用隔窗或屏风对空间进行分割。

5.1.1 庄重的室内设计

庄重的中式风格蕴含着一定的文化底蕴，透露着历史文化的气息，用线条把空间凝练得更为简洁精雅。

设计理念：本作品的装修讲究空间的层次感，注重空间的细节，展现出文化内涵的韵律。

色彩点评：居室设计崇尚自然，使氛围感更为清新。

🔴1 空间采用对称式的布局，造型朴实优美，把整个空间格调塑造得更加高雅。

🔴2 青花瓷的装饰盘和暗黄色的梅花背景墙装饰，更能凸显出东方文化的迷人魅力。

🔴3 天花板采用内凹式的方形区域，可展现出槽灯轻盈感的魅力，又能完美地释放吊灯的简约时尚感。

RGB=235,229,226 CMYK=10,11,10,0
RGB=203,161,114 CMYK=26,41,58,0
RGB=75,28,24 CMYK=61,89,89,54
RGB=13,12,8 CMYK=88,84,88,75

该作品使用白色和棕红色作为空间的整体基调。棕红色的座椅、地毯和具有古风气息的背景画，无处不展现出空间庄严、厚重的成熟感。

RGB=210,194,169 CMYK=22,25,34,0
RGB=250,248,236 CMYK=3,3,10,0
RGB=103,103,78 CMYK=66,56,73,11
RGB=106,48,27 CMYK=55,84,99,36
RGB=27,6,1 CMYK=80,88,91,74

本作品属于新中式的设计风格，把卧室空间塑造得具有古典美的韵律，又有现代简练的时尚感。

RGB=229,194,85 CMYK=16,27,73,0
RGB=233,228,210 CMYK=11,11,19,0
RGB=151,28,15 CMYK=70,82,93,63
RGB=80,64,41 CMYK=67,69,88,39
RGB=15,15,11 CMYK=87,83,87,74

5.1.2 新颖的室内设计

新中式风格是以中国传统文化为背景，再融合一些当今时尚的新近元素，营造出富有故土风情的浪漫生活情调。

设计理念：空间运用实木、瓷器传递出特有的气氛。

色彩点评：白色、金色、暗红、黑色是中式风格产品的主色调，外加高挑的空间设计使环境看起来更加明亮。

⚫ 茶几的金色花纹、青绿色的瓷器和镂空的背景装饰，加深室内空间的历史特色。

② 统一的对称搭配，更能体现出空间的协调性整体性。

③ 吊顶中心装饰硕大的灯池使文化神韵的空间融合一点时尚感，令空间更加神采焕发。

RGB=209,203,212 CMYK=21,20,12,0
RGB=141,131,125 CMYK=52,48,48,0
RGB=100,66,47 CMYK=60,73,84,32
RGB=10,10,14 CMYK=90,86,82,74

本作品是开放式的空间装饰设计，使用中式风格设计搭配，令空间更为沉稳庄重，很适合安逸内敛的人居住。

RGB=242,214,197 CMYK=6,21,22,0
RGB=232,230,231 CMYK=11,10,8,0
RGB=166,100,57 CMYK=42,69,85,3
RGB=68,70,63 CMYK=75,67,72,32
RGB=147,51,53 CMYK=46,91,81,14

本作品运用屏风形式做装饰墙合理地隔开空间，墙面的背景画以及天花板的装饰应用统一的梅花图案，使整个空间更具统一性，塑造出别致雅观的景象。

RGB=117,176,181 CMYK=58,20,30,0
RGB=224,185,81 CMYK=18,31,74,0
RGB=206,185,148 CMYK=24,29,44,0
RGB=96,98,103 CMYK=70,61,55,7
RGB=117,110,91 CMYK=62,56,66,6

5.1.3 中式风格设计技巧——不同部分的精彩构成

在居室空间进行中式风格装修时，是将传统与现代的文化有机结合，用装饰语言和符号装点出现代人的审美观念。

空间将传统与创新完美地结合使空间感"艳"而不"俗"，把传统文化和现今时尚发挥得淋漓尽致，很受现在年轻人的追捧。

本作品的书房设计迎合了中式家居的内敛、质朴风格，使空间更具有古朴、内涵的韵味。

作品应用暗红色的中式经典手法，把空间塑造得更有古韵，这悠久的点滴余香，让人回味无穷。

配色方案

双色配色

三色配色

五色配色

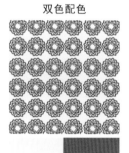

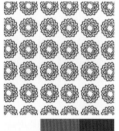

佳作欣赏

5.2 简约风格空间设计

简约风格的空间设计注重简约且有品位，在设计的过程当中要将设计元素、灯光、色彩搭配进行提炼，以达到以简胜繁的目的。

特点：

◆ 经济、实用、舒适，且有文化品位。

◆ 色彩跳跃且具有个性化。

◆ 功能性强。

◆ 装饰性元素简约，线条流畅。

◆ 简约而不简单。

◆ 注重细节，精工细作。

5.2.1 极简风格的空间设计

极简风格是以简单到极致为追求，极简不是一味地简单，而是凸显简约不简单的理念。极简风格主打风格和线条的简约，在空间品位、结构、家具方面体现简约、优雅，多使用黑白色作为空间的主色调。

设计理念：这是一款更衣室的室内空间设计，空间以方形、圆形为主要设计元素，突出方圆结合。通过白色、灰绿色、咖啡色三种颜色划分空间上中下。

色彩点评：暗淡的灰绿色与高调的橘红色相互碰撞，相互中和，稳重中带有一丝热情。

🌸 圆形的造型在四周棱角分明的空间中格外显眼，能够瞬间抓住人们的眼球。

🌸 镜面的设计能够增强室内的空间感。

🌸 斑驳的地面与精致的墙面形成鲜明的对比，增强空间的视觉冲击力。

■ RGB=126,128,114 CMYK=59,48,55,0
■ RGB=233,138,91 CMYK=10,57,63,0
■ RGB=120,100,76 CMYK=59,61,73,11
■ RGB=178,153,177 CMYK=37,42,56,0

这是一款酒店内卧室的空间设计，摒弃了过多的装饰，通过右侧玻璃隔断上的黑色流畅线条和经典的黑白灰配色，打造出极简主义风格的设计空间。

■ RGB=238,235,235 CMYK=8,7,7,0
■ RGB=186,186,186 CMYK=31,24,24,0
■ RGB=181,165,144 CMYK=35,35,43,0
■ RGB=57,61,58 CMYK=78,70,71,38
■ RGB=62,119,56 CMYK=80,44,99,5

这是一款卫生间的空间设计，镜子与灯带的位置关系，能够在照亮空间的同时将灯光进行反射，通过高明度的配色营造出干净且明亮的空间氛围，再加上简约的大理石纹路和金属色的水龙头作为点缀，使空间精致且时尚。

☐ RGB=255,255,255 CMYK=0,0,0,0
■ RGB=208,208,208 CMYK=22,16,16,0
■ RGB=195,154,121 CMYK=29,44,53,0
■ RGB=95,105,84 CMYK69,55,70,10

5.2.2 淡雅风格的空间设计

淡雅风格的空间设计无论是在色彩搭配上还是在装饰物品的选择上，都尽可能地简单、朴素、干练，营造出自然、干净、优雅的空间氛围。

设计理念：这是一款餐厨处的空间设计，空间的整体风格简约、淡雅，并将区域模块化，使空间更加规整有序。

色彩点评：空间以黑白灰为主色，无彩色系的搭配为空间营造出精简、干练的视觉效果。

🔘 黑色的灯具简单大气，采用哑光材质，低调而沉稳，为空间增添重量感。

🔘 背景墙面的装饰画无论是在风格上还是在配色上，均与空间整体风格和谐同统一。

- RGB=233,233,242 CMYK=16,6,4,0
- RGB=17,17,17 CMYK=87,83,82,72
- RGB=104,113,123 CMYK=67,55,46,1
- RGB=104,113,123 CMYK=67,55,46,1

这是一款以低饱和度的高级灰色为主色调的室内空间设计，现代抽象风格的装饰画和粉色调的床上用品相搭配，简约且现代化的设计与清新柔和的配色相结合，打造舒适柔美，简约前卫的空间氛围。

- RGB=179,182,184 CMYK=35,26,24
- RGB=207,192,202 CMYK=22,26,14,0
- RGB=221,225,227 CMYK=16,10,10,0
- RGB=21,22,24 CMYK=87,82,79,68

这是一款办公室内局部的空间设计，将两套公寓融合在一起，沿着带有灰色隔板的主轴线将空间一分为二，并在左右两侧分别用封闭的框架创造出隐蔽的空间，功能性极强。空间没有过多的装饰，以白色为主色并结合原木色，打造出自然、舒适的办公空间。

- RGB=229,229,232 CMYK=12,9,7,0
- RGB=205,198,182 CMYK=24,21,29,0
- RGB=106,109,113 CMYK=67,57,51,2
- RGB=70,75,80 CMYK=77,68,62,22

简约风格的空间设计大多以黑白二色为主，造型简约，细节精练，如果在简约风格的空间中添加一抹亮色，可以通过亮色的加入使空间瞬间得到升华。

这是一款以圆形和矩形元素构造而成的门厅处空间设计，在灰色调的空间中添加了琥珀色作为点缀，使其在暗淡的配色方案中尤为突出，起到画龙点睛的作用。

这是一款办公室的空间设计，将精致与粗糙相结合，简约而前卫，冷色调的蓝色椅子在暖色调的空间中尤为抢眼，为平淡的空间增添了视觉冲击力，使这个空间看上去更加丰富。

这是一款卫生间的空间设计，橘黄色的融入使极简风格的空间看上去充满了生机，由线条组合而成的格子图案和圆形图案，使空间活力十足。

配色方案

双色配色　　三色配色　　四色配色

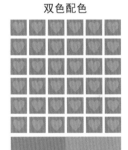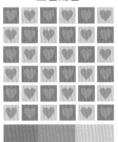

佳作欣赏

5.3 欧式风格空间设计

欧式风格的空间设计将奢华大气与浪漫舒适融合，在设计形式上以浪漫主义为基础，多采用浓郁的色彩和精美的造型，使整个空间具有强烈的艺术气息。常见的设计元素有罗马柱、阴角线、拱形或尖肋拱顶、顶部灯盘或者壁画，以及丰富的墙面装饰等。

特点：

◆ 墙纸的设计具有特色。

◆ 整体风格豪华、富丽。

◆ 强调线条的流动性和变化性。

◆ 具有强烈的浪漫氛围。

◆ 凹凸有致的结构突出空间感。

5.3.1　奢华风格的空间设计

奢华风格的空间设计，通常情况下色彩浓郁、造型精美，搭配豪华的壁灯等装饰性元素，打造出奢华、富丽的空间氛围。

设计理念：这是一款酒店内大厅处的空间设计。整体氛围奢华大气，采用罗马柱、丰富的墙面装饰、华丽的吊灯和壁灯以及具有特色的地面装饰打造典型的欧式风格建筑。

色彩点评：空间以黄色系为主，加以沙发的绿色和地面的红色作为点缀，整体效果华丽又不失清新。

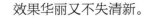 华丽的吊灯在整个空间中最为抢眼，在照亮空间的同时还起到装饰的作用，与空间的整体风格和谐统一。

拼花图案的地面与壁纸和带有精美花纹的石膏线造型使室内的空间感十分强烈。

华丽的装饰、浓郁的色彩，综合在一起凸显出浓郁的欧式风格。

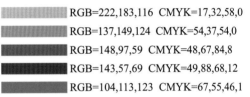

RGB=222,183,116 CMYK=17,32,58,0
RGB=137,149,124 CMYK=54,37,54,0
RGB=148,97,59 CMYK=48,67,84,8
RGB=143,57,69 CMYK=49,88,68,12
RGB=104,113,123 CMYK=67,55,46,1
RGB=104,113,123 CMYK=67,55,46,1

这是一款餐厨处的空间设计，空间大面积采用米白色，营造出温馨、和谐是空间氛围。搭配花边装饰和罗马柱，使空间充满了浪漫的气息。

RGB=234,195,164 CMYK=11,29,36,0
RGB=173,179,186 CMYK=33,29,22,0
RGB=182,158,129 CMYK=35,39,50,0
RGB=60,56,48 CMYK=75,71,77,44

这是一款客厅角落处的空间设计，空间采用花边的装饰和金属的配色，搭配椅子和地毯上优雅高贵的花纹，打造出浓郁的洛可可风格。

RGB=241,226,196 CMYK=8,13,26,0
RGB=130,43,15 CMYK=50,91,100,25
RGB=58,77,78 CMYK=81,65,64,24
RGB=165,150,177 CMYK=42,43,19,0

5.3.2 尊贵风格的空间设计

尊贵风格的空间设计高雅而不张扬，新颖而不俗套，具有丰富的艺术底蕴，整个空间端庄华丽、自然融洽、精美且富有层次感。

设计理念：这是一款餐厨处的空间设计。通过典型的欧式风格设计元素对空间进行装点，使设计风格突出。

色彩点评：空间以白色为主色，搭配微弱泛黄的灯光，尽显高雅别致。

🔵① 橱柜的设计造型精美，风格统一，与空间上方的拱形造型和阴角线相互呼应。

🔵② 餐厨的台面、罗马柱和地面的瓷砖纹理相辅相成，风格和谐统一，简约大气。

🔵③ 金属材质装饰罗马柱，凸显空间尊贵的氛围。

RGB=204,202,199 CMYK=24,18,20,0
RGB=175,123,54 CMYK=39,57,81,1
RGB=126,91,33 CMYK=55,65,100,17
RGB=79,62,49 CMYK=68,71,79,38

这是一款浴室的空间设计。整体风格端庄高贵，在常规的设计中添加了地中海风格的元素，能够让人联想起希腊岛屿温暖的沙滩。蓝色和绿色的加入为精致的空间带来一丝清凉与舒爽。

RGB=231,212,184 CMYK=12,19,30,0
RGB=195,183,171 CMYK=28,28,31,0
RGB=168,166,166 CMYK=40,33,31,0
RGB=70,86,102 CMYK=80,66,52,10

这是一款餐厨的空间设计，空间以白色为主，搭配暖色调的黄色系，营造出温馨、浪漫的空间氛围，开放式的厨房、华美的吊灯和精美的橱柜无不凸显着欧式风格的高贵与优雅。

RGB=236,235,238 CMYK=9,8,5,0
RGB=202,184,162 CMYK=25,29,36,0
RGB=251,251,230 CMYK=4,1,14,0
RGB=47,45,44 CMYK=79,75,74,51

5.3.3 欧式风格空间设计技巧——华美的吊灯起到画龙点睛的作用

在欧式风格的空间设计中，通常会在客厅中设有华丽精美的欧式吊灯，使空间的氛围得以升华。

这是一款酒店客房内，客厅休息区域的空间设计。天花板上精美的吊灯，是整个空间的画龙点睛之笔。使空间的整体氛围更加华丽。

这是一款酒店就餐区域的空间设计。左右两侧华美的吊灯使空间充满了贵族气息，气质华丽高雅，打造美观且豪华的就餐氛围。

配色方案

双色配色　　　　　　三色配色　　　　　　四色配色

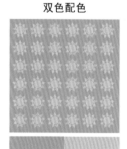

佳作欣赏

5.4 美式风格空间设计

美式风格设计注重舒适感和古典文化气息，在家具的选择上注重厚重的外形，粗犷的线条和实用性，在色彩搭配上最好能够体现出古典韵味，通常以深褐色、灰色和原木色营造出时代感和历史感，营造出低调、沉稳却不失大气的室内氛围。

特点：

◆ 在色彩搭配上偏爱"本色"，营造出自然、怀旧的空间氛围。

◆ 空间布置温馨，以实用为主。

◆ 设计感强，格调轻松且高端。

◆ 注重收纳与整理。

5.4.1　怀旧风格的空间设计

怀旧风格的空间多采用典雅的造型和稳重的色彩搭配，打造出略带岁月打磨过的沧桑之感，空间中采用深色系的搭配能够为人们带来无限的安全感，让人心向往之。

设计理念：这是一款客厅处的空间设计，本空间通过沉稳的配色和厚重的家具打造具有怀旧风格的室内空间效果。

色彩点评：红色是空间中最为抢眼的色彩，与深棕色相结合，在稳重的氛围中带有一丝热情。

🕐 将红色打碎贯穿整个空间，使空间的整体风格和谐统一。

🕑 采用布艺沙发，搭配地面上的纹理作为陪衬，为空间营造出温馨舒适，丰富稳重的氛围。

RGB=167,24,32　CMYK=41,100,100,7
RGB=74,133,68　CMYK=74,42,27,0
RGB=173,153,130　CMYK=38,41,48,0
RGB=92,93,100　CMYK=72,65,48,5

这是一款客厅处的空间设计，裸露的砖墙、搭配壁炉和木材，营造原始、自然的空间氛围，并以深棕色为主色，整体效果踏实稳重，并充满了岁月打磨过的沧桑感。

RGB=188,147,92　CMYK=33,46,68,0
RGB=205,187,176　CMYK=24,28,29,0
RGB=93,61,52　CMYK=62,75,76,34
RGB=188,147,92　CMYK=33,46,68,0

这是一款书房的空间设计，大面积采用带有白色线条的玻璃门，搭配复古的家具和灯饰，新旧的交替营造自然、怀旧的室内氛围。

RGB=228,187,142　CMYK=14,32,46,0
RGB=161,135,118　CMYK=44,49,52,0
RGB=233,213,196　CMYK=11,19,23,0
RGB=210,114,68　CMYK=22,66,75,0

5.4.2 清新风格的空间设计

清新风格是一种以淡雅、自然、朴实、超脱、静谧为理念的空间设计，造型简洁、色彩纯净，线条流畅，并配以些许自然元素对空间进行点缀。

设计理念：这是一款客厅的室内空间设计，以乡村风格为基调，尽可能地展现出自然、简朴的高雅氛围。

色彩点评：空间色彩丰富，将黄色、绿色、青色、棕色、粉色和蓝色等色彩搭配在一起，清新多彩，自然和谐。

🌸 花朵元素贯穿整个空间，如窗帘、沙发、椅子、抱枕和鲜花，通过来自自然的装饰元素，使人仿佛置身于大自然。搭配随意摆放的家具，更能凸显出自由、随性的生活态度。

🌿 空间多处采用金属元素进行装饰，能够避免过多的花朵装饰元素带来的杂乱感，使空间得以沉淀。

- RGB=226,200,115 CMYK=17,23,62,0
- RGB=208,181,138 CMYK=24,31,48,0
- RGB=178,203,214 CMYK=35,15,14,0
- RGB=165,149,77 CMYK=44,41,79,0

这是一款客厅的空间设计，通过碎花图案对窗帘和抱枕进行装饰，与浓厚的色彩相搭配，体现出生活自然、舒适的本性。

- RGB=168,110,87 CMYK=42,64,66,1
- RGB=198,166,119 CMYK=28,37,56,0
- RGB=232,225,214 CMYK=11,12,16,0
- RGB=103,112,123 CMYK=68,56,46,1

这是一款客厅的空间设计，茶几的形状与沙发的摆放方式相得益彰，地毯的花式和配色营造出浓厚的美式乡村风格。

- RGB=140,64,49 CMYK=48,83,86,1
- RGB=202,187,159 CMYK=26,27,39,0
- RGB=219,217,210 CMYK=17,14,17,0
- RGB=47,43,37 CMYK=77,75,79,54

5.4.3 美式风格空间设计技巧——通过绿色营造出自然的气息

美式风格的空间设计将高雅与自然融为一体，通风绿色和植物的点缀使空间回归大自然，创造出清新、自然的空间氛围。

这是一款客厅处的空间设计，大面积的黄绿色墙面点亮空间，为空间奠定了清新的情感基调，并配以红色作为点缀色，增强空间的视觉冲击力。

这是一款客厅处的空间设计，室内多处摆放绿色的植物，与室外的景色相互呼应，搭配红色的印花抱枕和立体感强烈的地面，打造出清新、舒心的空间效果。

配色方案

双色配色	三色配色	四色配色

佳作欣赏

5.5 地中海风格空间设计

地中海风格起源于文艺复兴前的西欧，田园风情的空间氛围极具亲和力。地中海风格的空间具有一种阳光而自然的氛围，在设计的过程当中多半采用低矮的家具，以使室内空间更加开阔，同时，家具的设计均以柔和的线条为主，与整体环境浑然一体。

特点：

◆ 自由奔放、色彩多样且明亮。

◆ 民族性强，取材于大自然。

◆ 将海洋元素融入家具设计当中，自然浪漫。

◆ 以蓝色、白色和黄色为主色调。

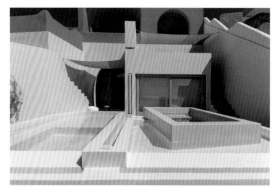

5.5.1 热情风格的空间设计

地中海风格除了具有清凉、自然的特征外，还能够通过对装饰性元素的装点营造出热情、亲切的视觉效果。

设计理念：这是一款度假酒店室外的空间设计，地中海风格的建筑，通过植物的点缀更加贴近自然。

色彩点评：在色彩搭配上，采用植物的绿色、花朵的粉色、抱枕的橘黄色，营造出热情、跳跃、亲切的空间氛围。

🌑 低矮的座椅和茶几，采用木材材质，搭配棉织品的抱枕，使空间氛围温和融洽。

🌑 较多的拱形造型延伸了空间的透视感，更加彰显了空间的地中海风格。

RGB=177,145,113 CMYK=38,46,56,0
RGB=247,176,72 CMYK=5,40,75,0
RGB=188,184,176 CMYK=31,26,29,0
RGB=24,18,14 CMYK=83,82,86,72

这是一款旅店的室外空间设计，以白色和天蓝色为主色，清凉自然的颜色使粉红色的花朵在空间中格外抢眼，营造出热情、亲切的空间氛围。

RGB=231,221,216 CMYK=11,14,14,0
RGB=111,171,205 CMYK=60,24,15,0
RGB=87,66,60 CMYK=67,72,72,32
RGB=161,45,84 CMYK=46,94,56,3

这是一款位于西班牙的地中海风格的餐厅设计，多种图形图案和出挑的色彩，搭配符合当地风情的植物、地板砖和装饰性元素，打造出热情、和谐的室内氛围。

RGB=139,220,224 CMYK=47,0,19,0
RGB=104,34,36 CMYK=54,93,86,18
RGB=236,203,170 CMYK=10,25,34,0
RGB=161,176,157 CMYK=43,25,40,0
RGB=215,215,204 CMYK=19,14,20,0

5.5.2 自然风格的空间设计

自然风格采用纯美的色彩、流畅的线条并取材于大自然，多数采用纯粹无瑕的蓝色与白色为主色，完美地诠释着人们对白云蓝天和碧海银沙的无尽向往与渴望。摆脱了浮夸刻板的装饰，打造海边舒适、轻松的生活体验。

设计理念：这是一款酒店内客房和私人浴池的空间设计。

色彩点评：空间以蓝色的天空，碧绿的泳池和草地的绿色为主色，无不是来源于大自然的颜色。紧扣主题。

❶ 空间采用线条柔和且低矮的家具，使其与外界的自然环境同为一体，同时使来往的客人在空间中视线更加开阔。

❷ 空间整体风格自由、自然、浪漫、休闲，体现出了地中海风格装修的精髓。

RGB=59,115,202 CMYK=79,53,0,0
RGB=134,203,234 CMYK=51,6,25,0
RGB=115,117,56 CMYK=63,51,92,7
RGB=121,102,81 CMYK=59,60,69,92

这是一款酒店室外的空间设计，以白色和蓝色为主，没有过多的装饰，在露石、白墙和木窗的映衬下凸显出浓厚的地中海风格。

RGB=217,221,232 CMYK=18,12,6,0
RGB=91,122,183 CMYK=71,51,10,0
RGB=109,105,108 CMYK=65,59,53,4
RGB=59,57,36 CMYK=74,68,89,46

这是一款度假屋客厅的空间设计，白色的墙壁纯洁无瑕，搭配拱形与弧形的设计，柔和而低调，环境舒适，轻松惬意。

RGB=243,240,238 CMYK=6,6,6,0
RGB=180,179,183 CMYK=34,28,24,0
RGB=105,94,90 CMYK=65,63,61,11
RGB=133,134,140 CMYK=55,46,39,0

5.5.3 地中海风格空间设计技巧——拱形浪漫空间

拱门、半拱门、马蹄状的门窗是地中海建筑风格的特色,在空间中展现出延伸般的透视感。此外,家中的墙面均可运用半穿凿或者全穿凿的方式来塑造室内的景中窗。

这是一款酒店内卧室的空间设计。空间采用陶土、木材、混凝土元素的纯朴纹理搭配拱券设计,充分地展现出浓郁的地中海风格。

这是一款酒店房间内飘窗处的设计,采用拱形元素,柔和的曲线、低矮的桌椅搭配窗外的风光,无不展现出浓厚的地中海风格。

配色方案

双色配色

三色配色

五色配色

佳作欣赏

5.6 新古典风格空间设计

　　新古典风格是采用现代的手法和材质还原古典气质，并以高雅与和谐为主，从简单到复杂，从整体到局部，摒弃复杂的肌理和装饰，简化了线条，因此在风格上具有古典和现代的双重审美标准。

特点：

◆　注重装饰效果。

◆　古典风格和时尚元素并存。

◆　常见的壁炉、水晶宫灯、罗马古柱亦是新古典风格的点睛之笔。

◆　不拘一格、风格多样。

5.6.1 高贵风格的环境艺术设计

高贵风格的环境艺术设计主要通过色彩的搭配和材质的选择为空间营造出浓郁、典雅、奢华的空间氛围。

设计理念：这是一款房屋起居室内的空间设计。通过高贵的配色和质感十足的材质打造尊贵、奢华的空间氛围。

色彩点评：以白色和灰色为底色，搭配带有金属光泽的色彩饰面和深实木色家具，使整个空间透露着一种温暖而又不失典雅的气氛。

🏵 带有金属光泽的相框上富有精致雕刻的纹理，与家具的风格形成呼应，打造和谐而又统一的空间氛围。

💧 水晶吊灯优雅精致，配以少许的宝蓝色作为点缀，使其与空间中其他元素产生了小小的区别。同时也通过色彩的搭配使样式更加高雅。

🏵 空间采用相对对称的设计手法，使饱满的空间"乱中有序"。

RGB=184,179,174 CMYK=33,28,29,0
RGB=252,249,158 CMYK=7,0,48,0
RGB=166,131,80 CMYK=43,52,74,0
RGB=55,46,46 CMYK=76,76,73,49

这是一款别墅内一楼大厅区域的空间设计。整体色调和谐、家具风格统一。灯光元素简约而又繁多，黄色调的灯光在照亮空间的同时也通过氛围的营造使空间更加高雅、精致。

RGB=202,173,132 CMYK=26,35,50,0
RGB=114,89,63 CMYK=60,64,79,18
RGB=239,224,189 CMYK=9,13,29,0
RGB=178,129,62 CMYK=38,54,84,0

这是一款房屋内起居室的区域的空间设计。整体采用以黑色、白色和金色为主体色调，纯粹而又精致的色彩营造出精致、优雅的空间氛围。天花板上的吊灯造型独特，色彩与座椅形成呼应，增强空间的艺术氛围。

RGB=43,41,41 CMYK=80,77,74,53
RGB=181,141,84 CMYK=36,48,72,0
RGB=203,195,188 CMYK=24,23,24,0
RGB=132,101,71 CMYK=55,62,76,9

5.6.2 雅致风格的环境艺术设计

雅致风格的环境艺术设计是一种带有强烈文化品位的装饰风格，在设计的过程中追求品位和谐的色彩搭配。

设计理念：这是一款房屋内卧室区域的空间设计。通过温暖儒雅的配色和奢华精致的装饰元素打造令人身心向往的居住环境。

色彩点评：以粉色为主色调，为空间

奠定了甜美温和的感情基调，深浅相交的背景颜色使空间的整体氛围不再单一。深实木色的床头柜与窗体将空间的氛围进行沉淀。使空间层次明确，主次分明。

🔴 选择金属装饰元素点缀空间，将氛围进行升华，使空间的氛围更加高雅奢华。

🔴 地面采用色彩淡然柔和的纺织人字形纹理地毯，使空间更加舒适温馨。

🔴 矩形色块的背景墙纹理增强了空间的纵深感。

RGB=245,208,194 CMYK=5,24,22,0
RGB=160,111,79 CMYK=45,62,72,2
RGB=130,47,21 CMYK=50,90,100,24
RGB=186,173,153 CMYK=32,33,39,0

这是一款酒店内客房区域的空间设计。以高贵不失典雅的青蓝色为主色调。大气的花纹纹理应用在各个元素之间，搭配黄色调温和的灯光营造出儒雅、和婉的空间氛围。

RGB=100,162,181 CMYK=64,27,27,0
RGB=133,100,64 CMYK=54,62,81,10
RGB=51,31,20 CMYK=71,81,90,62
RGB=274,170,129 CMYK=21,38,50,0

这是一款房屋内起居室的空间设计。配色沉稳深邃。两组大面积的书架与摆放整齐的书籍使空间更具书香气息。水晶吊灯和精致的家具纹理使空间更加精致优雅。

RGB=197,141,82 CMYK=29,51,72,0
RGB=98,91,97 CMYK=69,65,56,10
RGB=104,62,37 CMYK=58,76,92,33
RGB=126,62,59 CMYK=53,92,75,21

5.6.3 新古典风格环境艺术设计技巧——低调的配色使空间更具个性化

色彩是环境艺术设计的灵魂所在，新古典风格的环境艺术设计如果采用低调淡然的配色会给人一种耳目一新的视觉效果，摒弃了常规的设计理念，使整个空间更具个性化。

这是一款酒店内客房区域的空间设计。以无彩色系黑白灰为主色调，营造出纯净、雅致的空间氛围。床尾处的沙发采用实木雕刻镶边，为空间增添了一丝精致与温馨。

这是一款酒店内客房区域的空间设计。以灰色为主色调，配以纯粹的黑色和白色作为点缀，打造前卫且充满个性的空间效果。

配色方案

双色配色	三色配色	四色配色

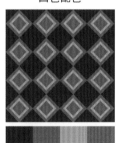

佳作欣赏

5.7 东南亚风格空间设计

东南亚风格是一种地域文化的延伸，该风格结合了处于热带的东南亚岛屿特色和精品文化品位，其最大的特点就是取材于大自然，应用大量的木材和其他的天然材料，如柱子、藤条、石材、青铜和深木色家具等，打造出具有异国风情，宁静、清雅的居住氛围。

特点：

◆ 崇尚自然、取材于自然。

◆ 用色大胆、绚丽斑斓。

◆ 多用原木加布艺进行恰当的点缀。

◆ 家具简单整洁，营造舒适、清凉之感。

民族风格的空间设计将民族习俗与艺术传统融合在一起，本着回归于自然的设计手法对空间进行装饰，展现出大气优雅且具有民族特色的空间氛围。

设计理念：这是一款客厅处的空间设计，以实木框架打造的空间，整体营造出稳重、踏实的氛围。

色彩点评：空间以实木色为主色，温厚且浓郁，配以红色、黄色和粉色进行点缀，在丰富空间的同时通过暖色系的色彩搭配，为空间增添了一丝热情与亲切。

🔵 窗口处带有格子图案的布料帘子与实木框架相互呼应，使空间具有十足的民族风情。

🔵 空间取材于自然，纯天然的材质散发出浓烈的自然气息。

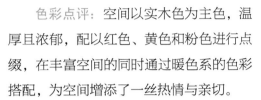

RGB=209,75,34 CMYK=23,83,94,0
RGB=246,222,133 CMYK=8,15,55,0
RGB=189,154,129 CMYK=32,43,48,0
RGB=123,90,68 CMYK=57,67,75,15

这是一款酒店内客房套间的空间设计，拱形的天花板、带有民族风情的花纹布艺地毯，搭配白色布幔，营造出温馨、舒适的空间氛围。

这是一款酒店房间的空间设计，房间充斥着本土设计元素，大量的木材搭配具有民族特色的装饰，使空间充满了特有的民族气息，打开房门可以让访者足不出户就能欣赏到外面的海洋风景。

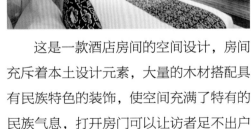

RGB=195,101,38 CMYK=30,71,93,0
RGB=253,248,237 CMYK=1,4,9,0
RGB=103,91,89 CMYK=66,64,61,12
RGB=31,23,22 CMYK=81,82,81,67

RGB=246,242,235 CMYK=5,6,9,0
RGB=215,196,170 CMYK=20,24,34,0
RGB=73,54,45 CMYK=68,74,79,44
RGB=16,12,18 CMYK=88,87,80,72

5.7.2 浓郁风格的空间设计

东南亚风格的浓郁效果多采用浓郁的色彩和具有十足代表性的装饰性元素进行体现。

设计理念：这是一款咖啡厅的空间设计，空间以竹制"洞穴"为设计理念，大量引用竹藤元素，并配以绿植装点空间，整体效果自然亲切。

色彩点评：竹藤元素的深棕色与植物的绿色搭配在一起，使来往的客人充分感受到大自然的亲切与舒适。

🌿 大量的竹子材质为空间带来了丰富感。打造生动、自然的空间氛围。

🌿 交错的竹藤乱中有序，使空间的结构丰富，层次感强，独特的造型瞬间增强了空间的辨识度。

- RGB=96,57,35 CMYK=59,77,91,37
- RGB=127,149,56 CMYK=59,35,94,0
- RGB=64,62,60 CMYK=76,71,70,36
- RGB=239,226,207 CMYK=8,13,20,0

这是一款酒店内餐厅的空间设计，采用传统的建造工艺，贝壳点缀的装饰物和藤蔓，搭配实木与竹藤的材质，打造出自然、舒适、沉稳的就餐环境。

- RGB=81,61,46 CMYK=66,72,81,39
- RGB=176,131,112 CMYK=38,54,54,0
- RGB=239,229,219 CMYK=8,11,14,0
- RGB=83,94,25 CMYK=72,56,100,20

这是一款度假酒店内客厅的空间设计，室内外空间相互连通，竹藤、木材、布艺材质的结合体现出了浓郁的东南亚风情。

- RGB=220,214,196 CMYK=17,16,24,0
- RGB=88,61,43 CMYK=67,73,85,38
- RGB=150,164,72 CMYK=50,29,84,0
- RGB=74,63,48 CMYK=70,69,80,39

5.7.3　东南亚风格空间设计技巧——在空间中添加绚丽的红色

　　东南亚风格的空间设计可以采用深色系，以绚丽而斑斓的窗帘作为点缀，紧扣主题，并且能够随着不同季节、不同天气以及不同时间段外界阳光的照射和光线的变化而变化。

　　这是一款酒店内起居室的空间设计。以实木色为底色，搭配清凉的蓝色和浓郁热情的橘红色作为点缀，增强了空间的视觉冲击力。

　　这是一款餐厅室外就餐区域的空间设计，空间氛围自然惬意，弧线形的红色墙壁自由而流畅，并为空间营造出了热情、亲切的氛围。

配色方案

双色配色

三色配色

四色配色

佳作欣赏

5.8 田园风格空间设计

　　田园风格的空间设计整体有一种清新、自然的视觉效果，让住户可以足不出户就能感受到自然的风光。在喧闹的城市中，田园风格这种亲近于自然、追求朴实生活的态度更容易受到大众的青睐。

特点：

◆ 注重层次突出个性。

◆ 硬装适度做减法，多采用软装。

◆ 具有浓郁的自然气息。

◆ 朴实、亲切、自然。

5.8.1　清新风格的空间设计

清新风格的空间设计色彩清爽而新鲜，以简单的表现手法、素雅的方式，营造出纯净的空间效果。

设计理念：这是一款客厅的空间设计，清新而淡雅的配色方案搭配实木家具和布艺沙发，营造出清新自然、淡雅温和的空间氛围。

色彩点评：空间以白色作为底色，加以绿色、蓝色、黄色等色彩作为点缀，拾取来源于大自然的色彩打造出田园风情的室内氛围。

🌿 墙壁上悬挂的装饰画与室内氛围相得益彰，整体风格和谐统一。

🌿 沙发的摆设呈对称式，乱中有序，随意而不随便。

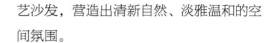

RGB=106,166,200 CMYK=62,27,16,0
RGB=67,83,76 CMYK=78,62,68,22
RGB=227,214,175 CMYK=15,16,35,0
RGB=181,142,77 CMYK=37,48,76,0

这是一款餐厅的空间设计，甜美多彩的花朵壁纸与白色的墙壁相结合，窗户和自然光线相得益彰，坚固的白色桌子和红色橱柜提供了良好的视觉效果。

RGB=255,255,255 CMYK=0,0,0,0
RGB=176,34,38 CMYK=38,98,98,4
RGB=169,156,101 CMYK=42,38,66,0
RGB=47,165,174 CMYK=79,19,35,0

这是一款卫生间的空间设计，空间以白色为主色，在墙壁上装饰带有花纹和蝴蝶图案的壁纸，使空间更加贴近于大自然，让来往的人们仿佛有身临身临其境之感。

RGB=243,244,249 CMYK=6,4,1,0
RGB=206,150,141 CMYK=24,49,39,0
RGB=187,197,127 CMYK=34,17,58,0
RGB=204,168,47 CMYK=27,36,89,0
RGB=162,208,233 CMYK=41,9,8,0

5.8.2 舒适风格的空间设计

舒适风格的空间设计整体效果更加贴近于自然，环境温馨且融洽，朴实、亲切，色彩搭配和谐。

设计理念：这是一款客厅处的空间设计，通过花朵元素对空间进行装点，并配以来自大自然的颜色，使空间更具自然风情。

色彩点评：空间以蓝色和红色作为主色，虽然二者之间互为对比色，但是低饱和度的搭配方案让空间更加平和、舒适。

🌸 家具采用布艺和实木材质，使空间更加具有质感。

🌸2 墙壁上瓷砖的图案、窗帘的纹路和沙发座椅的花纹相互呼应，整体风格和谐统一。

🌸3 灰色格子的地面更加凸显了空间的田园风格，同时也将丰富的空间色彩进行沉淀。

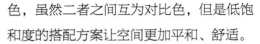

RGB=24,111,183 CMYK=85,54,8,0
RGB=133,68,66 CMYK=52,81,71,16
RGB=77,96,98 CMYK=76,60,58,10
RGB=184,164,163 CMYK=33,37,31,0

这是一款楼梯转角处的空间设计，空间以绿色和蓝色为主色，并配以白色进行点缀，仿佛是对蓝天和草地的真实写照，花纹壁纸和真实的植物为空间营造出舒适的田园风情。

RGB=142,170,188 CMYK=50,28,22,0
RGB=76,153,114 CMYK=72,26,65,0
RGB=52,66,25 CMYK=79,63,100,41
RGB=109,74,46 CMYK=58,71,88,27

这是一款客厅处的空间设计，碎花和格子装饰元素时典型的田园风格特征，并配以鲜活的黄色，整体风格舒适而温馨。

RGB=188,140,36 CMYK=34,49,95,0
RGB=187,181,192 CMYK=31,29,18,0
RGB=63,15,5 CMYK=64,93,100,61

田园风格空间设计技巧——碎花、格子装饰

碎花装饰和格子装饰是田园风格空间设计常见的设计元素，在空间中能够带给人们自然清新、唯美浪漫的视觉效果，将其作为点缀元素更显居室的温馨。

这是一款书房的空间设计，在窗帘、椅子坐垫和地毯处均有花朵元素的装饰，通过这些装饰性元素奠定了空间的情感基调。

这是一款餐厅的空间设计，印花壁纸与墙壁上悬挂的植物相互呼应，地面的格子装饰图案和格子吊灯相得益彰，打造田园风格浓厚的室内空间。

配色方案

双色配色

三色配色

四色配色

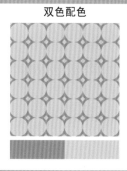

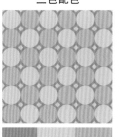

佳作欣赏

5.9 混搭风格空间设计

　　在习惯了空间一成不变的设计风格后，个性化极强的混搭风格深受人们的追捧。混搭风格并不是随便搭配，而是打破常规，将多种元素相互融合，使元素与元素之间相互衬托。

特点：

◆ 美观而不杂乱。

◆ 包容性强。

◆ 打破其他风格的单一性，"百花齐放"。

5.9.1 融合风格空间设计

融合风格的空间设计是将多种风格的设计元素结合在一起，元素与元素之间相互融合且相互衬托，散发出独特的魅力。

设计理念：这是一款青年旅社楼梯转角处的空间设计，空间将精致与粗糙结合在一起，创造独特的视觉冲击力。

色彩点评：将少量的红色作为点缀色，为色彩沉稳的空间增添了华丽与激情的氛围。

🔴 精致的水晶吊灯和镶边红色镜子，营造出华丽且富有层次感的空间效果。

🔵 裸露的混凝土结构暴露在外，残留在上面的表皮形成斑驳的痕迹，利用混搭的风格彰显出空间的独特魅力。

RGB=221,220,219 CMYK=16,13,13,0
RGB=162,82,55 CMYK=43,77,85,6
RGB=194,163,129 CMYK=30,39,50,0
RGB=17,13,14 CMYK=87,84,83,73

这是一款旅店客房的空间设计。空间将左右两侧设置为"精致"与"粗糙"的对比，打造出意想不到的混搭风格。

RGB=229,215,184 CMYK=14,16,31,0
RGB=32,25,17 CMYK=80,80,88,68
RGB=105,85,60 CMYK=62,65,80,22
RGB=231,224,197 CMYK=13,11,35,0

这是一款酒吧内部的空间设计，西方的建筑风格、东方的灯饰、中世纪风格的配饰，再加上几何手绘壁画，打造出使人流连忘返的休闲娱乐空间。

RGB=43,37,36 CMYK=79,78,76,57
RGB=211,210,206 CMYK=21,16,18,0
RGB=106,105,62 CMYK=43,66,82,3
RGB=149,64,62 CMYK=47,85,76,11

5.9.2 新锐风格空间设计

新锐风格的空间设计能够打破对于传统的定位，将物质需求与精神需求共同实现，打造出时尚、前卫的空间氛围。

设计理念：这是一款酒店内酒吧的空间设计，空间的整体氛围温暖且充满活力，为来往的客人打造无与伦比的视觉盛宴。

色彩点评：空间以橙色系为主，营造出温馨、积极且富有活力的空间氛围。

❶ 装饰性的几何元素搭配混凝土地砖、泥土般的原金属和木材，使空间华丽与朴素共存。

❷ 在空间的上方悬挂着 300 多盏灯笼，由涤纶、纱、绸、PVC、旧杂志的纸张等材料制作而成，营造出活力的派对氛围，引起强烈视觉冲击感。

RGB=219,79,22 CMYK=17,82,99,0
RGB=252,178,27 CMYK=3,39,87,0
RGB=164,79,28 CMYK=42,78,100,7
RGB=224,226,210 CMYK=16,9,20,0

这是一款餐厅的空间设计，空间以中国风为主线，搭配秘鲁及日本的装饰元素，打造出气氛活跃、充满创意且富有异域风情的就餐场所。

RGB=245,162,120 CMYK=4,48,51,0
RGB=223,228,232 CMYK=15,9,8,0
RGB=208,37,70 CMYK=23,95,66,0
RGB=67,124,183 CMYK=76,48,13,0

这是一款酒店休息等候区域的空间设计，利用不同风格的色彩、材料和重复出现的几何图形装饰元素使空间散发出精致、新奇的独特魅力。

RGB=165,146,72 CMYK=44,42,81,0
RGB=138,79,43 CMYK=50,74,93,15
RGB=252,232,168 CMYK=4,11,41,0
RGB=114,144,64 CMYK=64,36,91,0

5.9.3 混搭风格的空间设计技巧——独特的造型

在空间设计的过程当中，独特的造型在周围环境的衬托之下能够脱颖而出，使空间的整体效果新奇而富有创意，抓住人们眼球的同时使人过目不忘，从而能够在人们的心中留下深刻的印象。

这是一款办公室的空间设计，半圆形的设计活跃了空间氛围，并通过墙壁的砌砖肌理和现代风格的办公桌椅打造了混搭风格的办公空间。

这是一款办公室内前台处的空间设计，独特的吧台造型与周围的环境形成强烈的对比，在增强空间感的同时也能够为来往的人群带来强烈的视觉冲击力。

配色方案

双色配色

三色配色

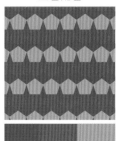

四色配色

佳作欣赏

第6章 商业空间色彩的视觉印象

　　商业空间在设计的过程当中，除了一些装饰性元素的应用以外，还要根据不同的空间类型搭配不同风格的配色，风格的体现离不开色彩相互之间的配合，颜色在空间中的展现能够奠定空间情感基调、渲染空间氛围、升华空间主题。

　　商业空间色彩的视觉印象包括：复古类、奢华类、自然类、高雅类、前卫类、温馨类、稳重类、科技类、活跃类、柔和类等。

◆ 复古类的商业空间设计，通常情况下采用较为暗淡的暖色调进行装饰，气氛优雅、浪漫。

◆ 自然类的商业空间设计，崇尚来源于自然、天然的建筑材料和装饰元素，打造清新自然的空间氛围。

◆ 温馨类的商业空间设计，总体效果温馨大气，营造出宾至如归的空间氛围。

◆ 高雅类的商业空间设计简约而舒适，自然流露出淡雅高贵的氛围。

6.1 复古类

复古风格的商业空间设计非常注重年代感的体现，多采用低饱和度的颜色和带有民族风情的装饰物品对该风格进行呈现，营造出高端、优雅且具有艺术气息的空间氛围。

特点：

◆ 低饱和度。

◆ 色调柔和。

◆ 高贵、神秘且时尚。

6.1.1 复古风格的商业空间设计

设计理念：这是一款灯具展示的商业空间设计。将灯具与珠宝元素相结合，设计出精致、优雅的商业展示空间。

色彩点评：该空间主要以黑、白、灰为主色，无彩色系的配色方案使空间看起来更加低调、典雅，搭配少量的金色和银色作为点缀，使平和的空间得到升华，营造出温婉、高贵的空间氛围。

🌿 绿色植物的加入为无彩色系的空间添加了一抹生机与活力，与空间的整体氛围形成鲜明的对比，避免了大面积无彩色带来的乏味感，增强空间的视觉冲击力。

🔲 墙壁、沙发、地毯、茶几等元素均为方形元素，与展示商品"灯具"的圆形元素形成鲜明的对比，使其在这个空间中更加突出，主次分明。

🌸 墙壁上的雕刻花纹优雅大气，为空间营造出了温馨、浪漫的氛围。

- RGB=238,238,238 CMYK=8,6,6,0
- RGB=77,76,74 CMYK=73,67,66,24
- RGB=96,121,81 CMYK=69,47,77,5
- RGB=173,164,85 CMYK=41,33,75,0

这是一款酒吧内休息室的空间设计，丝绒材质的椅子为空间营造出浓厚的复古风情，色调柔和且简约的地毯与纹理复杂的桌布形成鲜明的对比，增强室内的层次感。

- RGB=88,4,18 CMYK=56,100,95,49
- RGB=255,255,255 CMYK=0,0,0,0
- RGB=207,168,173 CMYK=23,40,24,0
- RGB=190,166,116 CMYK=32,36,58,0

这是一款酒店内客房的空间设计，裸露的砖墙与翻修后的精致墙面形成鲜明的对比，空间色彩丰富且色调柔和，天鹅绒的沙发手工缝制的地毯和古旧的地板，共同营造出复古、温暖且温馨的氛围。

- RGB=43,34,30 CMYK=77,78,81,60
- RGB=178,157,138 CMYK=36,40,44,0
- RGB=30,39,50 CMYK=89,82,67,49
- RGB=144,55,23 CMYK=47,88,100,17
- RGB=243,133,58 CMYK=4,60,78,0

复古风格的商业空间设计技巧——添加一抹艳丽的暖色

在色调温和且低调的空间中，添加一抹艳丽的颜色，能够使其瞬间成为这个空间的视觉焦点，丰富空间的色彩氛围，成为空间的画龙点睛之笔。

这是一款比萨店就餐区域的空间设计，将鲜艳的红色楼梯艺术品作为空间的中心元素，使空间氛围充满了个性化。同时与低调沉稳氛围形成鲜明的对比。

这是一款酒店大厅的空间设计，空间整体颇具北欧风格。裸露的砖墙与干练的线条形成鲜明的对比，将沙发设置成了橘黄色，鲜艳的色彩弱化了背景的装饰，使其成为空间中最为抢眼的一角。

配色方案

双色配色

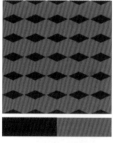

三色配色

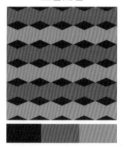

四色配色

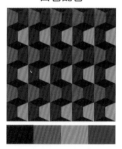

佳作欣赏

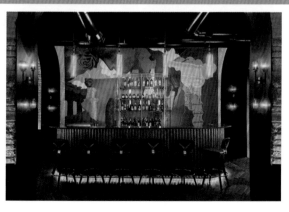

6.2 奢华类

奢华风格的商业空间设计整体给人一种精致且优雅的视觉效果，不需要太多的奢侈品进行装饰，也不用过度烦琐的细节进行点缀，低调且奢华，优雅而大气。

特点：

◆ 引入新意，具有个性化。

◆ 成熟稳重，追求品质。

◆ 高端大气，豪华富丽。

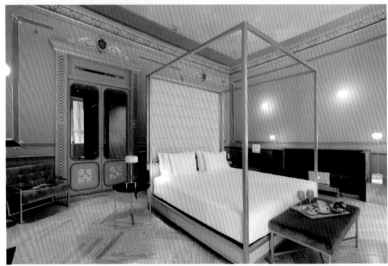

设计理念：这是一款酒店吧台处的空间设计，设计整体呈现出"阳刚之气"的美感，锐利、硬朗且无可挑剔。

色彩点评：该空间以白色为底色，并配以金属色系的光泽，营造出奢华、高贵的空间氛围。

🕚 设计感十足的灯具搭配简约的小射灯，为空间营造出华丽且温馨的氛围。

🕛 镜面的设计能够将空间进行反射，增强室内的空间感。

🕐 大理石纹路与白色的墙面形成对比，在丰富空间的同时为空间营造出奢华的感觉。

RGB=216,191,154 CMYK=20,27,42,0
RGB=190,156,94 CMYK=32,42,68,0
RGB=105,49,12 CMYK=55,83,100,37
RGB=193,193,190 CMYK=28,22,23,0

这是一款酒吧内休息室的空间设计，丝绒材质的椅子为空间营造出浓厚的复古风情，色调柔和且简约的地毯与纹理复杂的桌布形成鲜明的对比，增强室内的层次感。

RGB=88,4,18 CMYK=56,100,95,49
RGB=255,255,255 CMYK=0,0,0,0
RGB=207,168,173 CMYK=23,40,24,0
RGB=190,166,116 CMYK=32,36,58,0

这是一款商城内楼梯处的空间设计，空间大气精致，与左右两侧店铺的风格相统一，泛黄的灯光与金属元素相搭配，营造出奢华、高贵的空间氛围。

RGB=198,205,208 CMYK=26,16,16,0
RGB=240,240,240 CMYK=7,5,5,0
RGB=172,125,86 CMYK=40,56,69,0
RGB=238,210,166 CMYK=9,21,38,0

6.2.2 奢华风格的商业空间设计技巧——明亮的灯光将空间点亮

奢华风格的商业空间设计可以在设计的过程当中,通过明亮的灯光渲染空间的氛围。增加基础光照,加大光源角度,但同时也需要使灯光的主次分明,打造出舒适、明亮且更能吸引客户的商业空间氛围。

这是一款商场内箱包店铺的商业空间设计,环形的展示柜台在每一个产品的上方都设有灯光进行照射,在凸显产品的同时也能使空间的光照感更加强烈。

这是一款酒店内餐厅的空间设计,灯光的设计错落有致、层次分明,优雅且巧妙,使空间华丽的氛围得以升华。

配色方案

双色配色	三色配色	四色配色

佳作欣赏

6.3 自然类

自然风格的商业空间设计充满朴实、自然的气息，多采用木、石、藤、竹等来源于大自然的材质，创造出舒畅、简朴、高雅的氛围。

特点：

◆ 回归自然、崇尚自然。

◆ 配色清新，多有绿色的加入。

◆ 氛围朴实而温馨。

6.3.1　自然风格的商业空间设计

设计理念：这是一款室内花园的空间设计，空间以"万花筒"为设计理念，通过螺旋式的楼梯与"万花筒"的主题相互呼应，打造出自然、清新的室内氛围。

色彩点评：空间以绿色为主色，通过源于自然的色彩，使室内自然的氛围更加浓郁。

🌀 将绿色的植物围绕着螺旋式的楼梯，使人在行走之间仿佛有身临自然之感，并凸显"万花筒"的理念。

🌀 墙壁上的壁画与绿色的植物相互呼应，为室内营造和谐统一的氛围。

🌀 将楼梯的台阶设置为黄绿色，一抹亮色的加入使空间氛围更加清新、舒适。

RGB=184,183,86　CMYK=36,24,76,0

RGB=155,147,137　CMYK=46,42,43,0

RGB=10,9,10　CMYK=89,85,85,75

RGB=243,243,243　CMYK=6,5,4,0

这是一款餐厅处的空间设计，绿色的植物和俏皮的灯具，搭配各种质地的有趣椅子，营造出自然清新的空间氛围，红色格子纹路的瓷砖与室内的其他装饰相互衬托，增强了室内的视觉冲击力，并为清新的空间增添了一丝热情与活力。

RGB=246,246,247　CMYK=4,4,3,0

RGB=99,64,56　CMYK=61,75,75,31

RGB=83,75,56　CMYK=69,65,79,30

RGB=102,96,24　CMYK=65,58,100,18

RGB=188,113,27　CMYK=33,64,99,0

这是一款咖啡厅就餐区域的空间设计，以"森林"为设计主题，通过一条中轴线引导视线，加大了空间的纵深感，墙壁与天花板夹角处的葡萄藤营造出绿色健康的空间氛围，并增强了空间的高度。

RGB=218,217,220　CMYK=17,14,11,0

RGB=218,183,160　CMYK=18,33,36,0

RGB=165,177,189　CMYK=41,27,21,0

RGB=202,206,129　CMYK=28,15,58,0

6.3.2 自然风格的商业空间设计——将自然景物融入室内

自然风格的商业空间设计可以将自然景物融入室内，借助景物的塑造为空间增添生机与活力，营造出自然、优雅的环境氛围。

这是一款酒店休息区域的空间设计，在墙上一排排的架子上种满绿色的植物，打造绿植墙，并与实木元素相结合，空间取材于大自然，清新、舒适。

这是一款餐厅独立包间就餐区域的空间设计，通过橡木滑动门将室内与室外自然地连接，玻璃元素的应用使室内环境更加通透，并且能够欣赏外室的植物，打造清新、自然的就餐氛围。

配色方案

双色配色

三色配色

五色配色

佳作欣赏

6.4 高雅类

高雅风格的商业空间设计整体营造出一种安静、雅致的视觉效果，空间背景多采用白色作为底色，纯净而淡雅。摒弃了太过夸张的设计元素，围绕着"低调、奢华而有内涵"的设计理念进行装饰。

特点：

◆ 装饰元素简约大方。

◆ 设计手法新颖别致。

◆ 整体氛围雅致简洁。

◆ 灯光效果柔和而舒适。

设计理念：这是一款餐厅私人包间的室内空间设计，空间整体配色效果和谐统一，优雅、有气质，营造出高雅的空间氛围。

色彩点评：空间色调柔和，以深红色和浅粉红色为底色，温柔的配色方案营造出温婉、精致的空间氛围，搭配黄铜色进行适当的点缀，使空间效果得以升华。

🅐 黄铜边框的装饰画个性十足，与空间的氛围形成对比，产生视觉冲击力。同时在材质的选择上与壁灯和椅子相互呼应，增强了空间中元素之间的关联性。

🅑 通过颜色的区分将空间模块化，深浅色对比鲜明，营造出强烈的空间感。

RGB=122,50,54　CMYK=53,88,76,24
RGB=228,219,214　CMYK=13,15,15,0
RGB=212,204,161　CMYK=22,19,41,0
RGB=39,45,77　CMYK=92,90,54,27

这是一款零售店铺的室内空间设计，空间以"极简主义"为设计理念，通过简约的线条和配色营造出纯净、时尚的空间氛围，加以黄铜色作为点缀，高雅、时尚。

RGB=244,244,244　CMYK=5,4,4,0
RGB=232,190,152　CMYK=12,31,41,0
RGB=132,128,149　CMYK=56,50,32,0
RGB=64,64,89　CMYK=82,79,53,18

这是一款酒店内餐厅就餐区域的空间设计，以白色为主色，搭配灰色和浅蓝色，营造出明净而优雅的空间氛围，天花板处以柔软的纺织物进行装饰，垂感极强，增强了空间感与层次感。

RGB=243,243,244　CMYK=6,5,4,0
RGB=176,177,183　CMYK=36,28,23,0
RGB=127,172,185　CMYK=55,24,26,0
RGB=202,150,171　CMYK=26,49,20,0

6.4.2 高雅风格的商业空间设计——白色渲染高雅的氛围

白色是所有色彩中最为纯净的颜色，它干净、优雅、大气、纯净，没有强烈的个性却能在无形之中包容万物，在商业空间设计的过程中，白色的应用十分广泛，在空间中，较大面积的白色能够对周围的氛围进行渲染，营造出高雅的氛围。

这是一款咖啡厅的空间设计，以白色为底色，在边缘处搭配泛黄的微弱灯光，营造出温馨且优雅的空间氛围。

这是一款灯具的展示空间设计，大面积应用白色，将展示品与背景融为一体，纯净而优雅，氛围和谐统一。

配色方案

双色配色

三色配色

四色配色

佳作欣赏

6.5 前卫类

前卫风格的商业空间设计主张打破单一的设计方式，凸显自我、张扬个性，通过丰富、大胆的视觉元素营造出简约却不简单的空间氛围，在设计元素的选择上，要注意避免华而不实的装饰，使空间的设计感与实用性并存。

特点：

- ◆ 配色时尚、大胆。
- ◆ 设计元素丰富多彩。
- ◆ 个性鲜明，视觉冲击力强。

6.5.1 前卫风格的商业空间设计

设计理念：这是一款餐厅吧台处的空间设计，使用彩色层压板和镜面等材料对吧台进行装饰，新颖大胆，设计感强。

色彩点评：空间色彩丰富且柔和，低饱和度的灰橘红色与黄色相搭配，打造色调温和的空间氛围，黑白相间的地面使空间的装饰效果更加丰富。

🔵 吧台采用镜子元素，可以将地面上的图形元素进行反射，增强空间的层次感与空间感。

🔵 将图形元素贯穿空间整体，地面上黑白相间的正方形、吧台上方不规则的多边形、台灯上的圆柱体、立方体，打造丰富、立体且个性化的空间氛围。

RGB=205,175,75 CMYK=27,33,78,0
RGB=153,106,89 CMYK=48,64,64,3
RGB=182,102,37 CMYK=36,39,97,1
RGB=105,104,104 CMYK=67,58,55,5

这是一款甜品店店铺外观的空间设计，以白色作为底色，配以鲜艳的红色进行装饰，纯净与热情的碰撞创造出强烈的视觉冲击力。

RGB=238,238,244 CMYK=8,7,3,0
RGB=254,72,58 CMYK=0,84,72,0
RGB=13,12,18 CMYK=90,87,80,72
RGB=60,104,154 CMYK=81,59,25,0

这是一款餐厅就餐区域的空间设计，壁灯与镜子边框均采用黄铜材质，二者之间相互呼应，在柔和的色调中显得尤为突出，抽象的壁画时尚大胆，配色前卫，空间整体营造出简约且充满个性化的氛围。

RGB=218,217,220 CMYK=17,14,11,0
RGB=218,183,160 CMYK=18,33,36,0
RGB=165,177,189 CMYK=41,27,21,0
RGB=202,206.129 CMYK=28,15,58,0

6.5.2　前卫风格的商业空间设计——夸张的装饰元素

前卫风格的商业空间设计可以适当地加入相对夸张的设计元素，来凸显空间的与众不同，在丰富空间的同时也能够标新立异，使其能够在受众心里留下深刻的印象。

这是一款太阳眼镜展览的空间设计，将夸张大胆的卡通元素贯穿整个空间，并在黑白相间的配色中添加鲜艳的红色系，创造出极具幻想的空间，时尚前卫，冲击视觉。

这是一款餐厅就餐区域的空间设计，空间以黑色和白色为背景色，在纯净的背景上加入多彩且无规律可循的波浪装饰元素，创造强烈的视觉冲击力。

配色方案

双色配色　　　　　　三色配色　　　　　　四色配色

  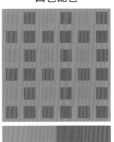

佳作欣赏

6.6 温馨类

在现代，生活节奏越来越快，人们对于视觉感受的追求不再局限于合理与舒适，更加追求美观与归属感，温馨类的商业空间设计整体效果简约而舒适，不需要过于繁杂的设计元素，多采用柔和的色调、温暖的灯光、柔软的材质打造使人舒心、惬意的空间。摆脱距离感，营造宾至如归的氛围。

特点：

◆ 多采用黄色系的灯光营造氛围。

◆ 暖色调的配色能够彰显温馨的气氛。

◆ 柔和的线条展现浪漫、优雅的氛围。

6.6.1 温馨风格的商业空间设计

设计理念：这是一款餐厅就餐区域的空间设计，空间通过温暖的色调和墙壁上斑驳的痕迹打造出温馨且具有复古风情的就餐空间。

色彩点评：以红色作为主调，低饱和度的色彩营造出平和、安宁的氛围，搭配清淡的粉色，通过深浅的对比增强空间的"进""退"感。

🔴 以拱形为主要设计元素，通过弯曲的线条为空间营造出柔和、温婉的氛围。

🔴 在拱券的周围设置小巧的吊灯，搭配红色系的背景，使空间氛围温暖而舒适。

🔴 顶棚镜面的设置能够将场景进行反射，加强氛围的渲染，并增强室内的空间感与层次感。

RGB=169,109,85 CMYK=42,65,67,1
RGB=202,183,183 CMYK=25,30,24,0
RGB=195,171,135 CMYK=29,35,48,0
RGB=55,75,142 CMYK=87,77,22,0

这是一款办公交流会议室的空间设计，浅实木色的墙围搭配色调沉稳的布艺沙发，营造出稳重、自在的办公氛围，在玻璃门上添加文字元素，并通过植物和花纹抱枕使空间氛围更加轻松。

RGB=249,249,248 CMYK=3,2,3,0
RGB=141,139,150 CMYK=52,44,34,0
RGB=227,200,155 CMYK=15,25,42,0
RGB=31,110,127 CMYK=86,53,47,1

这是一款餐厅就餐区域的空间设计，空间以"热烈的光怪陆离"为设计理念，空间以红色和橘黄色为主，搭配微弱的橘黄色灯光，在促进消费者食欲的同时也能打造出亲切、热情的空间氛围。

RGB=150,52,49 CMYK=45,91,86,13
RGB=2056,112,21 CMYK=24,66,99,0
RGB=220,201,177 CMYK=17,23,31,0
RGB=162,132,116 CMYK=44,51,52,0

6.6.2 温馨风格的商业空间设计——暖色调的配色方案营造温馨的氛围

在商业空间的设计当中，暖色调的配色方案能够在空间中散发出无形的魅力，营造出温馨且自在的空间氛围。

这是一款酒店客房的空间设计，以实木色和白色为主色，加以橘红色作为点缀，暖色系的配色方案搭配床头黄铜材质的叶子壁灯，使空间宁静、自然而舒适。

这是一款酒吧柜台和休息区域的空间设计，天花板上卡通的壁画与地毯上的纹理相互呼应，鲜艳的橘黄色搭配低调稳重的灰色，营造出温馨、优雅、现代的空间氛围。

配色方案

双色配色

三色配色

四色配色

佳作欣赏

6.7 稳重类

稳重风格的商业空间设计多讲究空间的层次感，造型简约且沉稳，装饰元素的立体感十足，稳重而富有个性。

特点：

◆ 多以深色为主，安稳、厚重。

◆ 采用实木家具进行装饰。

◆ 色彩平稳缺乏跳跃性。

6.7.1 稳重风格的商业空间设计

设计理念：这是一款服装店的商业空间设计，空间以"极简主义"为设计理念，用纯净的元素打造动态、活泼的室内环境。

色彩点评：空间以白色和灰色作为底色，搭配带有木头纹理的深实木色，低调而深沉的色彩打造稳重、踏实的空间氛围。

🔵 空间的装饰元素具有生动的对称性和不对称性，通过对称的展示柜台和不对称的服装展示架，使空间整体效果稳重却并不乏味。

🔵 空间中采用可滑动的衣架和可旋转的展示柜台，将商品与展示功能整合在设计当中，保持空间的丰富性和深度。

RGB=122,117,114 CMYK=60,54,52,1
RGB=230,230,230 CMYK=12,9,9,0
RGB=234,214,202 CMYK=10,19,19,0
RGB=141,117,98 CMYK=53,56,62,2

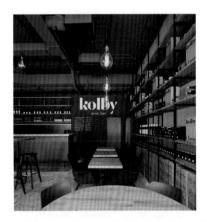

这是一款红酒酒吧的空间设计，工业化风格的天花板、混凝土的地面、实木材质的餐桌和柜台，搭配黑色、灰色和沉稳的深实木色，营造出浓厚、朴实的空间氛围。

RGB=153,63,74 CMYK=83,73,61,29
RGB=121,87,74 CMYK=58,68,69,15
RGB=199,176,139 CMYK=27,32,47,0
RGB=124,141,129 CMYK=58,41,37,0

这是一款餐厅就餐区域的空间设计，通过色彩将空间模块化，大量使用实木色和蓝色元素，层层推进，设计的空间感与层次感极强。

RGB=187,163,140 CMYK=33,38,44,0
RGB=241,242,236 CMYK=7,5,9,0
RGB=95,150,176 CMYK=67,34,26,0
RGB=180,154,129 CMYK=36,41,49,0

稳重风格的商业空间设计——丝绒材质的加入增强空间的质感

稳重风格的商业空间设计并不是一味地低调和沉稳，在设计的过程当中要注意避免一成不变的搭配，在空间设计中加入丝绒材质，能够增强空间的质感，同时也可以提升空间的档次。

这是一款餐厅就餐区域的空间设计，墨绿色丝绒材质遮挡幕帘垂感十足，同时也可以将空间的区域进行划分。

这是一款带有壁炉的休息室空间设计，将灰色的沙发设置为丝绒材质，独特的材质使其在空间中尤为突出，营造稳重、内敛的空间氛围。

配色方案

双色配色   三色配色   四色配色

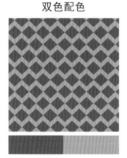  

佳作欣赏

6.8 科技类

科技风格的商业空间设计注重装饰元素设计感的突出，突出自然光和人工照明灯光的应用，空间整体氛围干净利落，节奏感强。

特点：

◆ 注重灯光的应用。

◆ 强调造型的现代感和奇特感。

◆ 线条的应用灵活且流畅。

设计理念：这是一款服装店的商业空间设计，空间以"极简主义"为设计理念，用纯净的元素打造动态、活泼的室内环境。

色彩点评：空间以白色和灰色作为底色，搭配带有木头纹理的深实木色，低调而深沉的色彩打造稳重、踏实的空间氛围。

🔘 空间的装饰元素具有生动的对称性和不对称性，通过对称的展示柜台和不对称的服装展示架，使空间整体效果稳重却并不乏味。

🔘 空间中采用可滑动的衣架和可旋转的展示柜台，将商品与展示功能整合在设计当中，充分保持空间的丰富性和深度。

RGB=122,117,114 CMYK=60,54,52,1
RGB=230,230,230 CMYK=12,9,9,0
RGB=234,214,202 CMYK=10,19,19,0
RGB=141,117,98 CMYK=53,56,62,2

这是一款洗车店的室内空间设计，室内采用深石墨色、书法般的明亮的文字纹理和明亮的灯光装置组合，营造出炫酷、前卫的空间氛围。

■ RGB=6,5,6 CMYK=91,87,86,77
■ RGB=209,75,53 CMYK=22,83,82,0
■ RGB=212,178,12 CMYK=24,32,94,0
■ RGB=174,192,211 CMYK=37,20,13,0

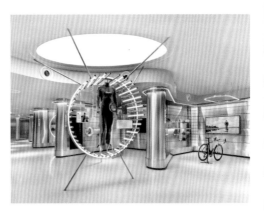

这是一款运动产品零售店的空间设计，空间大面积采用不锈钢材质，搭配明亮的灯光进行照射，使不锈钢的表面得以反射，空间整体光感十足。

RGB=198,192,194 CMYK=26,24,20,0
RGB=255,255,255 CMYK=0,0,0,0
■ RGB=101,120,152 CMYK=68,52,30,0
■ RGB=22,16,22 CMYK=86,87,78,69

6.8.2　科技风格的商业空间设计——炫酷的灯光效果

　　灯光是商业空间设计中的重要元素之一，通过对灯光的色彩、冷暖、强弱等元素的搭配，协调或者渲染空间的氛围。

　　这是一款俱乐部的展示空间设计，将 LED 灯光元素灵活运用，延展性与引导性并存，与青色系的色彩相搭配，使空间具有十足的科技感。

　　这是一款灯光设计的展示空间设计，将光元素与水元素结合在一起，创造出流动性极强的梦幻空间。

配色方案

双色配色　　　　　　　三色配色　　　　　　　四色配色

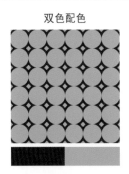 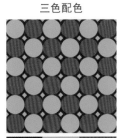 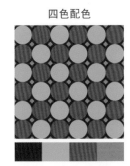

佳作欣赏

活跃风格的商业空间设计依旧保留空间的实用性和基本的设计手法，可以通过鲜明的色彩和丰富的装饰物，使空间变得活跃且富有生命力。

特点：

◆ 设计元素活跃大胆。

◆ 色彩丰富鲜艳。

◆ 空间韵律十足，具有动感。

6.9.1 活跃风格的商业空间设计

设计理念：这是一款餐厅就餐区域的空间设计，以加利福尼亚的威尼斯海滩为设计灵感，将海滩元素融入意式餐厅，将富有趣味性的艺术创意与自然元素融入用餐环境当中，风趣、活跃。

色彩点评：空间以白色为主色，搭配水绿色与粉红色的线条，使人联想到夏日柔和的海浪。

🌀 空间采用白色大理石桌面为空间营造丰富且高雅的氛围。

🌀 线条元素贯穿整个空间，曲折且流畅，为空间带来丰富的律动感。

🌀 沙漏形状的黄铜灯具以对称的形式进行呈现，规整的样式与跳跃的背景形成鲜明的对比，营造强烈的视觉冲击力。

RGB=131,161,148 CMYK=55,29,44,0
RGB=186,171,132 CMYK=33,33,51,0
RGB=125,140,146 CMYK=58,42,38,0
RGB=32,32,42 CMYK=86,84,70,56

这是一款酒店内接待区域的空间设计，天花板上吊灯的形状新颖多变，搭配红色的椅子，打造氛围活泼，色彩跳跃的空间氛围。

RGB=35,44,45 CMYK=85,75,73,51
RGB=183,42,31 CMYK=36,95,100,2
RGB=138,110,83 CMYK=53,59,70,5
RGB=254,241,216 CMYK=2,8,18,0

这是一款餐厅就餐区域的空间设计，墙面上卡通壁画以丰富的几何图形构造而成，活泼可爱，色彩跳跃性强，搭配黑白格子相间的地面，营造出热情灵动的空间氛围。

RGB=52,41,39 CMYK=75,77,76,53
RGB=235,195,136 CMYK=11,29,50,0
RGB=220,76,50 CMYK=17,83,83,0
RGB=120,158,678 CMYK=61,28,69,0

活跃风格的商业空间设计可以通过家具和装饰物品灵活的摆放方式，营造轻松、活跃的空间氛围。

这是一款商店室内环境的空间设计，室内环境宽敞明亮，别具一格，家具、置物架和装饰物品的摆放活跃而灵巧，搭配地面上的纹理和镜子的圆形元素，打造热情且富有活力的个性化空间。

这是一款酒店室外休息区域的空间设计，将桌椅围绕着中间圆形的植物兼座椅装饰物进行摆放，环形的布局搭配鲜艳的红色，打造热情、活跃的空间氛围。

配色方案

双色配色 　　　　　　　　三色配色　　　　　　　　四色配色

佳作欣赏

6.10 柔和类

柔和类的商业空间设计讲究划分合理,和谐统一,在质朴的外表下蕴含精致的细节,柔和却不单调,低调且不缺乏时尚气息。

特点:

◆ 配色清新淡雅。

◆ 线条柔和。

◆ 布局大气。

柔和风格的商业空间设计

设计理念：这是一款酒店内休息区域的空间设计，通过轻柔的线条和温暖的配色打造柔和、大气，且韵律感强的空间氛围。

色彩点评：空间以暖色调为主，沙发采用粉色，温馨浪漫，与线条元素相互呼应。

🔘 在墙壁上将渐变的曲线展现得淋漓尽致，好似轻快的五线谱环绕在人们的身边，有规律可循，使空间的流动性极强。

🔘 前方矮凳无论是在色彩搭配还是纹理的选择上，都与墙壁的风格一致，二者之间相互映衬，营造出和谐统一的室内空间。

- RGB=224,155,191 CMYK=15,50,6,0
- RGB=21,3,86 CMYK=99,100,59,21
- RGB=176,171,68 CMYK=40,30,83,0
- RGB=0,0,0 CMYK=93,88,89,80

这是一款家具、布艺商店的空间设计，以丰富的色彩过渡和低饱和度的颜色进行呈现，色彩柔和却极具表现力。

- RGB=181,181,183 CMYK=34,27,24,0
- RGB=195,213,224 CMYK=28,12,10,0
- RGB=186,162,137 CMYK=33,38,46,0
- RGB=61,55,63 CMYK=78,76,65,37

这是一款餐厅就餐区域的空间设计，墙面上卡通壁画以丰富的几何图形构造而成，活泼可爱，色彩跳跃性强，搭配黑白格子相间的地面，营造出热情灵动的空间氛围。

- RGB=52,41,39 CMYK=75,77,76,53
- RGB=235,195,136 CMYK=11,29,50,0
- RGB=220,76,50 CMYK=17,83,83,0
- RGB=120,158,678 CMYK=61,28,69,0

6.10.2 柔和风格的商业空间设计——纯净素雅的配色

柔和风格的商业空间设计除了简约而平和的装饰性元素之外，还可以通过纯净素雅的配色营造出温馨、轻柔的空间氛围。

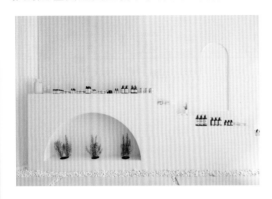

这是一款快闪店的空间设计，以希腊屋顶花园为设计灵感，以纯净的白色为底色，搭配陈列区柔和的线条，打造素雅、平和的空间氛围。

这是一款餐厅就餐区域的空间设计，在极简主义风格的空间中采用纯净的白色和自然的实木色进行装饰，营造出干净、温馨的氛围。

配色方案

双色配色

三色配色

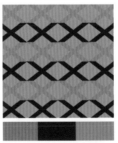

四色配色

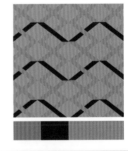

佳作欣赏

第 7 章

商业空间设计的秘籍

　　商业空间设计无论是在布局还是在装饰元素的选择上，都不是一味地将元素进行陈列，而是需要掌握元素之间的搭配技巧和陈列方式。本章就来介绍一下商业空间设计的十种秘籍。

7.1 引导顾客的行进路径

在商业空间设计的过程当中，可以通过一些装饰性元素或空间的造型，引导顾客的行进路线，使顾客在不知不觉中沿着规划好的路径行走。

这是一款鞋店的商业空间设计。

- 将商品分为左右两侧进行陈列，通过曲折蜿蜒的展示架引导消费者的行进路径。同时，曲线的设计也使空间看上去更加生动活泼。
- 灯光的照射突出了产品和品牌标识，具有视觉引导的作用。

这是一款图书馆的室内空间设计。

- 将展示书架设置成弧线式布局，活跃了空间氛围，并且能够起到引导人流的作用。
- 将每个书架设置成为不同的高度，并对序号和类别进行区分，空间功能性极强。

这是一款眼镜店的室内空间设计。

- 将产品在展示墙上整齐地进行陈列，通过展示墙独特的曲线造型，引导消费者的行进路径。
- 展示柜、座椅和柜台均采用曲线元素，使空间更具统一性和流畅性。

7.2 空间的设计风格要与品牌风格一致

在进行商业空间设计的过程当中，无论是在色彩的应用还是在材质的选择上，都应该与品牌的风格和形象保持一致，并以此进一步将品牌和产品进行烘托，充分发挥其渲染氛围的作用。

这是一款甜品店的空间设计。

● 空间的设计灵感来源于"泡芙"，整体风格甜美而纯真，简约而细微，与甜品自身带给消费者的感受一致。
● 将甜品陈列柜摆放在空间的中央位置，并设有相同形状的灯光进行照射，使空间主次分明。

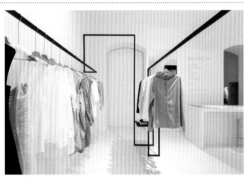

这是一款服装店铺的室内的空间设计。

● 空间整体的装修风格简约纯粹，与服装设计的风格相互呼应，和谐统一。
● 将展示架设置为黑色的连续的线条，贯穿整个空间，为空间打造出具有个性化和创造性的不凡气质。

这是一家精品女装店的商业空间设计。

● 空间以柔和的粉色作为主色调，搭配沉稳的红色和自然的半灰色调，打造出温暖、轻柔的空间氛围。
● 背景舒适却不抢眼，搭配曲线线条，打造出优雅、亲切的氛围，彰显了女性的特性，使空间的风格与产品的风格相统一。
● 由青铜和石膏打造的装置墙还具有展示配饰的功能。

7.3 加强绿化效果

　　绿化是商业空间设计的过程当中重要的装饰性元素之一，在商业化的空间中加进绿色的植物，能够渲染空间中自然、清新的氛围。此外，一抹绿色的加入还能够舒缓人们的情绪，缓解视觉疲劳。

这是一款餐厅吧台处的空间设计。

● 为空间的入口打造花团锦簇的氛围。
● 运用逼真的画面，抓住消费者的心理，与消费者产生共鸣。

这是一款快闪店室外空间的设计。

● 空间的背景是由纸管和植物构成的绿墙，虽然没有过多的装饰，却营造出原始、自然、随意、舒适的空间氛围。
● 红色的座椅与绿植形成对比，增强了空间的视觉冲击力，营造出夏日热情且自然的氛围。

这是一款餐厅休闲区域的空间设计。

● 空间以"蔓藤下的休闲空间"为设计主题，将大自然中的绿色植物作为主画面，营造出清新、舒适的休闲空间氛围。
● 在低调沉稳的黑色桌面上，通过白色的圆形来衬托植物，形成鲜明的对比。

7.4 灯光照明的应用

灯光是商业空间设计中必不可少的元素之一，其主要可分为普通照明、重点照明、装饰照明和自然光照明四大类。这四大类照明除具有装饰性和说明性以外，还具有引导性。

这是一款服装店的商业空间设计。

- 空间以"房中房"为设计理念，由松木搭成的支撑结构好似一个内嵌的屋顶，与其设计理念形成相互呼应之势。
- 在置物架的上方放置了四盏照明灯光，在空间中既有强调作用又有引导作用，与前方的一盏普通照明灯光形成鲜明的对比，使空间的主次更加分明。
- 明亮且柔和的光线搭配浅色木质框架和雪白色墙壁，营造出温馨、舒适的空间氛围。

这是一款会议室的商业空间设计。

- 在天花板上布置类似篮球场装置的装饰性照明系统，色彩与室内墙壁和桌子的颜色相互呼应，营造出优雅且不失活跃的空间氛围。
- 配以微弱的小射灯作为点缀，进一步烘托空间氛围。

这是一款酒店接待处的空间设计。

- 灯光的陈列方式错落有致，在空间中营造出活泼、动感的氛围，起到装饰性的作用。
- 暖色调的空间与泛黄的微弱灯光搭配在一起，营造出温馨、细腻、雅致的空间氛围。

7.5 色彩之间的对比为空间营造出强烈的视觉冲击力

色彩的应用非常普遍，在商业空间设计的过程当中，最忌讳一成不变的色彩搭配，我们可以通过色彩之间的对比来增强空间的视觉冲击力。

这是一款餐厅就餐区域的空间设计。

- 空间整体效果视线通透，线条简约，通过开阔的空间和纯净的色彩营造出优雅、纯净的就餐氛围。
- 墙壁上的蓝色与椅子的橘红色形成对比，使空间极具视觉冲击力，而且还避免了大面积的黑色和深灰色带来的沉闷感。

这是一款酒店休闲区域的空间设计。

- 采用螺旋式的楼梯使空间中的氛围生动而活泼，流畅的线条增强了空间的舒展性。
- 在纯白色的背景下，楼梯与椅子的蓝色是空间中最为醒目的颜色，与窗帘上的黄色互为对比色，形成鲜明的对比。

这是一款办公室休闲区域的空间设计。

- 空间没有过多的装饰物品，通过简单的家具和丰富的颜色营造出热情、丰富的空间氛围。
- 空间色彩丰富，采用红色和绿色，蓝色和黄色两组对比色，使空间的色彩形成鲜明的对比。营造出强烈的视觉冲击力。

在商业空间中，天花板的设计能够在无形之间烘托空间氛围，个性化的天花板能够使室内的氛围更加浓烈，并能够烘托产品。

这是一款美甲工作室的室内空间设计。

● 天花板由多组彩色条柱组合而成，相对独立又彼此衬托，与明亮的灯光相结合，点亮整个空间的同时也可以对下面的工作空间起到修饰作用。

● 天花板的色彩不断在变幻，营造出多彩、梦幻的空间氛围。

● 地面大面积采用纯净的白色，与天花板的色彩形成鲜明的对比，起到良好的衬托作用，使空间主次更加分明。

这是一款寿司餐厅的空间设计。

● 空间以"日式街道旁的樱花树下"为设计主题，通过折纸艺术在天花板上打造出樱花树的效果，营造出自然、舒适的就餐氛围，紧扣主题。

● 樱花元素与摆放较为随意的实木桌椅搭配，更加凸显出日式风格。

这是一款餐厅就餐区域的空间设计。

● 天花板上的木条元素长短不一，与墙壁上的木条装饰相辅相成，增强了室内的空间感与层次感，同时采用实木材质，为空间打造出温馨、舒适的环境。

● 空间以实木色为主，搭配蓝色和橘红色，在平和的空间氛围中以彩色作为点缀，丰富了空间氛围，增强了空间的视觉冲击力。

7.7 低调的地面

在商业空间设计中，地面的装饰要注意低调而沉稳，避免太过抢眼的颜色或太过华丽的装饰对于周围其他事物的干扰，使空间过于杂乱。

这是一款酒店大厅的空间设计。

- 空间通过铺着红色地毯的白色大理石楼梯和两侧人物头像的装饰画，配以金色进行修饰，营造出奢华、大气的空间氛围。
- 在地面铺设简单纹理的深灰色大理石瓷砖，在华丽的空间中，低调的地面能够使空间的氛围更加完美地呈现出来。

这是一款培训机构的室内空间设计。

- 在空间中将沉稳的绿色与活泼的黄色组合在一起，营造出热情、活泼的空间氛围。
- 白色为无彩色系，纯净低调的白色在活泼生动的空间氛围中能够起到良好的衬托作用。

这是一款咖啡屋的室内空间设计。

- 空间中错落有致的天花板与朴实的地面形成鲜明的对比，地面低调而沉稳的设计能够将人们的视线集中在天花板上，使空间主次更加分明。
- 空间的材质以实木为主，色泽稳重而平和，与咖啡馆的主题相互呼应，营造出温馨而舒适的室内氛围。

7.8 通过产品的陈设点缀空间

在商业空间设计的过程当中，产品本身新奇、独特、具有创意性的陈列造型能够作为装饰性元素，使空间的氛围更加活跃。

这是一款家具展览的商业空间设计。

- 空间以"当家具走上T台时"为设计主题，在狭长的T台上将展示品依次进行整齐排列。独特的陈列造型和展示方式能够瞬间抓住人们的眼球，为来往的受众留下深刻的印象。
- 柔和的黄色搭配纯净的白色，为空间营造出清新、温和的氛围。

这是一款自行车商店的室内空间设计。

- 空间的展示方式较为丰富，展示架、展示柜，还有通过升降架将自行车悬浮在半空之中，打造出一个富有韵律、动感且设计感十足的展示空间。
- 升降架的应用能够使自行车自由地在空间中上升或者下降，功能性极强。

这是一款书店的室内空间设计。

- 将图书摆放成人物的形状，通过将产品本身陈列成独特且富有创意的形象，以求吸引更多的消费者。
- 空间的配色沉稳而低调，黑色与深实木色搭配，营造出良好的读书氛围。

7.9 使用软隔断将空间自然过渡

软隔断既有功能性，又有装饰性，在商业空间设计中常见的软隔断有盆栽、长椅、布幔、珠帘等元素，通过软隔断将空间进行装饰，避免了生硬的过渡效果，为空间营造出舒适、自然的氛围。

这是一款餐厅室外就餐区域的空间设计。

- 座椅采用丰富的配色为沉稳而低调的空间营造出生动、鲜活的氛围。
- 采用橡木横条座椅和铁艺栏杆作为空间的隔断，与餐厅外部区域分割开来，过渡自然，实用性强。

这是一款餐厅就餐区域的空间设计。

- 空间采用带有格子图案的珠帘，将不同的就餐区域灵活地区分开来，同时也能够增强空间的垂感，使空间的氛围更加深邃。
- 红色的椅子与红白格子相间的桌布相互呼应，在沉稳而低调的空间氛围中格外抢眼。

这是一款餐厅大堂的就餐区域的空间设计。

- 采用垂感十足的布幔将大堂与就餐区域区分开来，与空间的整体风格统一协调，过渡自然。
- 空间采用原色调的木材，粉红色的水磨大理石材质以及铁、铜制作的金属装饰，营造出精致、优雅，清新脱俗的空间氛围。

7.10 装饰图案凸显个性，塑造主题

图案是商业空间设计中必不可少的装饰性元素，风格多变，可塑性强，通过个性化的图形元素进行装饰，搭配与产品风格相统一的配色，可以营造出风格统一，且具有个性的空间效果。

这是一款餐厅就餐区域的空间设计。

● 空间以"符号化的墨西哥风情"为设计理念，打造出个性鲜明、风格统一的室内空间。
● 空间将仙人掌、红色多边形和拱形元素结合在一起，营造出热情、亲切的空间氛围。

这是一款酒店大堂处的空间设计。

● 墙面上的装饰画丰富大胆，丰富的图形元素采用红色、绿色和蓝色搭配的方式，增强了空间的对比，营造出强烈的视觉冲击力。
● 墙面上垂直的木质板条装饰和水泥地砖低调沉稳，与生动丰富的壁画和鲜艳的红色家具形成鲜明的对比。

这是一款服装店背景处的空间设计。

● 空间以"面纱"为设计理念，通过简单的图形对空间的背景进行装饰，营造出活力十足的动感空间。
● 在孔洞上覆盖一层双色玻璃，通过"角度""色彩"和"光线"这三个要素使玻璃反射出不同色彩的光。多姿多彩，如梦似幻。